THE
STUDY
OF
COFFEE

咖啡大师的
12堂课

〔日〕
堀口俊英
—
著

姚玉子
—
译

中信出版集团 | 北京

图书在版编目（CIP）数据

咖啡大师的 12 堂课 /（日）堀口俊英著；姚玉子译 .
北京 : 中信出版社 , 2025. 6. -- ISBN 978-7-5217
-7099-5

Ⅰ . TS971.23

中国国家版本馆 CIP 数据核字第 20246AK226 号

THE STUDY OF COFFEE by Toshihide Horiguchi
Copyright © 2020 Toshihide Horiguchi
All rights reserved.
First published in Japan by SHINSEI Publishing Co., Ltd., Tokyo.

This Simplified Chinese edition published by arrangement with
SHINSEI Publishing Co., Ltd., Tokyo in care of Tuttle-Mori Agency, Inc., Tokyo
through Beijing Kareka Consultation Center, Beijing.

咖啡大师的 12 堂课
著者： ［日］堀口俊英
译者： 姚玉子
出版发行 : 中信出版集团股份有限公司
　　　　　（北京市朝阳区东三环北路 27 号嘉铭中心　邮编　100020）
承印者：　北京瑞禾彩色印刷有限公司

开本 : 880mm×1230mm　1/32　　印张 : 9　　　　字数 : 190 千字
版次 : 2025 年 6 月第 1 版　　　　印次 : 2025 年 6 月第 1 次印刷
京权图字 : 01-2025-0661　　　　　书号 : ISBN 978-7-5217-7099-5
　　　　　　　　　　　定价 : 78.00 元

前言

我从 1990 年开始从事这项工作，至今已经有 30 多年了。直到现在，我仍会感慨"竟然已经做了这么久"。

我在 1997 年出版了第一本关于咖啡的书，此后又写了 10 本书（部分是主编），其中最后一本是 2010 年出版的《咖啡教科书》（日本新星出版社）。这本书面向的是想深入学习咖啡的人，因此写的时候将重点放在了感官评估上，几乎没有提及萃取。它在日本已经发行了 10 年，现在还在售卖，没有绝版。

21 世纪的第一个 10 年里，为了与生产者建立伙伴关系，以采购优质的生豆，我频繁探访原产地。为了提升买家的能力，我为 100 多家家庭烘焙店提供开店支援，并创立了"领先咖啡家族"（Leading Coffee Family，简写为 LCF）——一个共同使用生豆的团体。此外，我还在每周末组织许多与咖啡有关的研讨会，主题包括萃取、杯测和品鉴等，每年近百次。这 10 年是我极度繁忙的时期，我几乎没休息过。

然而，在这 10 年之后，我开始回答不出"咖啡风味的本质是什么""肯尼亚咖啡的风味从何而来"这样的基础问题。我感受到自己的极限，无法写出新书，这导致了 10 年的空白。这期间，我在 2010—2015 年，为社长换届和业务交接做了准备。

卸任社长后，我决定从与过去不同的角度看待咖啡。我从 2016 年开始攻读东京农业大学研究生院的环境共生学博士学位，于 2019 年 3 月毕业。在大学里，我在食品营养科学系（现在是国际食品与农业科学系）的研究室学习。

然而，我甚至不知道该从哪里开始进行咖啡研究，所以在导师的指导下，我从分析咖啡的基本成分着手，并在这一过程中缩小了研究课题。

根据精品咖啡协会的评估方式，对咖啡生豆品质的评估可以从瑕疵豆数量和感官评估两方面进行，不过这只是生豆质量的判断标准之一。

除此之外，是不是还需要评估基于物理、化学理论的数值呢？于是，我对可能影响风味的成分进行了分析。我的论文题目是《为构建精品咖啡的质量标准，对物理、化学评估与感官评估相关性的研究》。

从生长环境、种植、生豆处理、干燥、筛选、包装材料、运输集装箱的类型到储存方法等，咖啡受许多因素的影响。虽然还有很多东西是未知的，但我们终于开始看到咖啡风味的轮廓了。现在，我们处于一种"先学习，才能知道还不知道什么"（语出东京农业大学创始人榎本武扬）的状态。

目前，咖啡行业正面临各种全新的局面，比如萃取设备的多样化和萃取方法的变化，小型烘豆机的普及和对烘焙程度看法的变化，以及感官评估中评估词汇的扩展和混乱,等等。在咖啡行业的这些变化中，我想重新思考咖啡。所以，我决定写这本书，希望能回顾我在过去30多年里学到的一些东西，并主要从萃取的角度出发，重新审视它们。由于经验不足，我想书中必定有一些尚未被我完全消化的信息，愿读者原谅，并能读一读。

堀口俊英

目录

第 11 课

197　**如何评价萃取出的咖啡**

第 12 课

227　**思考拼配**

生豆的品质赋予咖啡美好风味

2000 年以来，咖啡消费国除了关注萃取和烘焙，还开始将目光转向咖啡生豆的品质，家庭烘焙店（在美国叫作微型烘焙坊）、萃取意式浓缩的咖啡机，以及新风格的咖啡店等不断涌现。

同时，在生产国，一些生产者、出口商与消费国的买主合作，提高生豆品质，培育出许多优质的生豆。瑕疵豆少、带有产地独特风味的咖啡豆被称为精品咖啡，在市面上销售时，与用途更广泛的普通商业咖啡[1]相区别（详见表 1.1）。

2010 年之后，精品咖啡市场成熟，不管是瑰夏、帕卡马拉[2]等品种的咖啡，还是产自肯尼亚的处理厂（水洗加工厂，由附近的小农户[3]采摘并提供咖啡樱桃[4]）、埃塞俄比亚耶加雪菲地区的处理站（水洗加工厂）、苏门答腊岛北部的曼特宁、哥斯达黎加的微型作坊（拥有水洗加工厂的小农户）、哥伦比亚南部省份（纳里尼奥省、乌伊拉省等）等处各具风味的咖啡，都随手可得。

此外，气候变化对生产的影响、叶锈病[5]导致的减产、巴西产量增加导致的期货价格变化、亚洲地区[6]消费的增长，以及折扣市场的扩大等，也对咖啡行业产生了重大影响。

1　又有"主流咖啡"等许多叫法，本书采用"商业咖啡"这个名称。——作者注（本书如无特别标示，页面下方的注释均为作者注。）

2　萨尔瓦多咖啡研究所研发的品种。

3　在约 2 公顷的面积上种植咖啡的小规模农户，占全球咖啡生产者的 80%，市场低迷对他们而言是生死攸关的问题。

4　咖啡树的果实，本书采用"咖啡樱桃"这个叫法。

5　一种咖啡树的传染病，会在咖啡叶上产生锈斑，导致叶片脱落，整棵树枯萎死亡。咖啡的历史也是咖啡树与叶锈病斗争的历史。2010 年左右，哥伦比亚咖啡减产 30%，导致咖啡的市场价格居高不下，此后随着卡斯提优种（在哥伦比亚研发的抗叶锈病品种）的发展，咖啡市场才得以恢复。中美洲和加勒比地区其他国家的咖啡市场也受到过叶锈病的威胁。

6　菲律宾、泰国、中国、越南和印度尼西亚等咖啡生产地的消费正在增长。韩国等地区的消费也在增长。参见国际咖啡组织官网 http://www.ico.org。

表 1.1 精品咖啡与商业咖啡的区别

精品咖啡		商业咖啡
土壤、海拔等生长环境良好	栽培地	大多产自低海拔地区
精品咖啡协会[1]标准、生产国的出口分级	分级标准	生产国的出口分级
生产历史可追溯[2]	生产历史	生产历史通常比较模糊
经过细致的生豆处理、干燥过程	生豆处理	多数是大规模量产
瑕疵豆[3]很少	品质	含有较多的瑕疵豆
按照水洗加工厂、庄园划分的小批次	生产批次	地域广泛、混合的咖啡
具有生产地区的风味特征	风味	风味平庸，缺乏个性
形成单独的价格	生豆价格	与期货市场[4]挂钩
80 分以上	精品咖啡协会评分	79 分以下
埃塞俄比亚耶加雪菲 G-1 级	命名方式举例	埃塞俄比亚

1　美国精品咖啡协会于 1982 年成立，旨在普及精品咖啡和促进市场发展，每年举办一次展览会。2017 年，它与欧洲精品咖啡协会合并，组成精品咖啡协会。生豆的分级和杯测规则等都诞生于美国精品咖啡协会时期。参见 https://sca.coffee/。日本精品咖啡协会成立于 2003 年，致力于在日本普及和推广精品咖啡。根据 2019 年的市场调查，精品咖啡占日本咖啡市场份额的 10% 左右。

2　具备可追溯性是为了明确从种植、加工到销售的过程，以确保食品安全。咖啡的生产历史指咖啡的生产国、生产地区、种植园所有者、种植方式、生豆处理方式、包装材料、运输方法、抵达港口的日期（通关日期）、储存方式等历史。

3　指发酵豆、虫蛀豆、残缺豆、未成熟的豆子等。

4　协定在未来某一时间，按照当前确定的商品价格交付商品。阿拉比卡种受纽约市场的影响，而卡内弗拉种受伦敦市场影响。阿拉比卡种的价格更容易因巴西产量的变化而发生波动。

表 1.2　小农户与庄园的规模

	小农户	庄园
生产者	1240 万户	10 万座
生产比例	80%	20%
生产量	通常低于 600 千克 / 公顷	平均 17280 千克 / 座

资料来源：世界咖啡科学大会 /2016/ 云南

咖啡是不稳定的农作物

　　自 2000 年以来，人们认识到咖啡的风味不仅受萃取与烘焙的影响，还受到栽培环境、品种、生豆处理与干燥方式、筛选、包装材料、运输容器、储存方法等的影响，并将目光转向咖啡生豆的品质。

　　面对巴西减产引发的市场（期货市场价格）波动、叶锈病、气候变化等因素的阻碍，阿拉比卡种未来的产量可能会下降。另外，以亚洲地区为中心的咖啡消费活跃，在不久的将来恐怕会出现供不应求的状况。尽管现在巴西的增产使生产量大于消费量，但世界咖啡研究组织[1]警告，如果不采取措施应对全球变暖，50 年后，咖啡产量将大幅下降，同时，他们也在进行新的育种工作。

　　越南的卡内弗拉种、巴西的柯林隆种（卡内弗拉种在巴西的变种）等的生产量不断增加，占总收成的 40% 左右，形成了低价咖啡市场，咖啡风味有下降的趋势。

　　巴西以外的大多数咖啡生产者都是小农户，增产带来的市场低迷会导致农民收入减少。咖啡产业本身的结构是脆弱的。哥伦比亚的每

1　世界咖啡研究组织预测，由于气候变化，到 2050 年，阿拉比卡种的总产量将大幅减少（平均气温超过 25℃时，阿拉比卡种不会结果，害虫也会增加）。巴西的产量预计将下降 36.6%。此外，中美洲国家也面临着房地产价格上涨导致咖啡产区变成住宅用地、阿拉比卡种抗病性弱、耕地的高海拔化等种种问题。因此，为了应对气候变化，世界咖啡研究组织正在研发新的杂交品种，在全世界的庄园中进行栽培试验，以测试新的品种适合什么样的生产地。参见 https://worldcoffeeresearch.org。

叶锈病

小农户

位生产者平均拥有 1.4 公顷耕地，咖啡每公顷的平均产量只有 730 千克左右，埃塞俄比亚、肯尼亚、卢旺达、巴布亚新几内亚等国小农户的产量更低，他们每公顷耕地的咖啡产量不到 400 千克。

　　精品咖啡生豆品质高、价格高，有望增加生产者的收入，所以建立一个能让精品咖啡与商业咖啡共存的市场是很有必要的。为此，了解"什么是好咖啡"非常重要。一杯咖啡的生产有多方参与，包括咖啡店、烘豆师（烘焙商）、进口商、出口商、庄园、农业协会、小农户等。我们需要思考这个全球化产业的可持续性。

表 1.3 阿拉比卡种与卡内弗拉种的区别

阿拉比卡种   卡内弗拉种

阿拉比卡种	项目	卡内弗拉种
Coffea arabica	学名	Coffea canephora
埃塞俄比亚	原产地	非洲中部
800—2000 米	海拔	500—1000 米
雨季和旱季带来适度的湿润与干燥	气候条件	在高温、多湿的环境下仍能生长
铁皮卡等原生品种的收成很少	收获量	耐粗放栽培，收成多
抗叶锈病能力弱	抗病性	抗叶锈病能力强
自花授粉[1]	授粉	异花授粉
1990 年约占 70% 2019 年约占 60%	生产比例	1990 年约占 30% 2019 年约占 40%
巴西、哥伦比亚、中美洲国家、埃塞俄比亚、肯尼亚等	生产国	越南、印度尼西亚、巴西、乌干达等
5 左右，酸度强的可达 4.7（中度烘焙）	pH 值[2]	5.4 左右，酸度弱（中度烘焙）
优质的豆子酸度宜人，有醇厚感	风味[3]	没有酸度，苦涩混浊
精品咖啡有单独的交易价格	生豆价格	与伦敦市场挂钩

1 指一株植物上的花朵能接收同一植株花朵的授粉，产生种子。异花授粉则指一株植物上的花朵需要其他植株花朵的授粉，产生种子。阿拉比卡种可以通过风和蜜蜂自花授粉，因此可以从一棵树上繁殖。

2 阿拉比卡种的 pH 值在 5 左右（中度烘焙），比卡内弗拉种 5.4 左右的 pH 值低，可以让人尝出酸度。

3 本书中对风味的定义为香气 + 五种味道（甜、酸、苦、咸、鲜）+ 质地（醇厚度）。

咖啡按照风味分为四类

咖啡的栽培品种，分为阿拉比卡种和卡内弗拉种，越南的卡内弗拉种产量有增加的趋势。

阿拉比卡种具有酸度，高级品到低级品的品质有差异，主要用于制作研磨咖啡[1]。卡内弗拉种苦味强，价格低，用于制作便宜的研磨咖啡、工业量产咖啡（如罐装咖啡）和速溶咖啡等。

巴西的咖啡产量（见图 1.2）占全球咖啡产量的 35% 左右（其中约 30% 是被称为柯林隆的卡内弗拉种，主要用于本国消费），为世界第一。用于出口的是阿拉比卡种，生豆处理方法以干法（也叫日晒法，将保留咖啡果肉的果实晒干，再进行脱壳处理）为主。此外，巴西的气候风土使咖啡产生的风味与其他生产国产的咖啡有微妙的不同。

如果把在日本销售的咖啡按栽培品种进行分类（见图 1.1），可以发现在日本市场上，阿拉比卡种精品咖啡 + 阿拉比卡种商业咖啡占 38%，巴西产的阿拉比卡种咖啡占 27%，卡内弗拉种咖啡占 35%，它们的比例大致是 1 : 1 : 1。不同种类的咖啡既单独销售，也拼配销售，因此在销售市场上很难精细区分。

---

1 研磨咖啡主要由咖啡树的果实经过生豆处理和烘焙制成，区别于速溶咖啡。一般将咖啡分成以下三类：研磨咖啡（咖啡店等商用、家庭用的咖啡）、速溶咖啡、工业量产咖啡（罐装咖啡等）。

按照风味的不同，日本销售的咖啡可以分为阿拉比卡种精品咖啡、阿拉比卡种商业咖啡、巴西产的阿拉比卡种咖啡、卡内弗拉种咖啡四类。巴西产咖啡中有一部分是精品咖啡，大多数是商业咖啡。

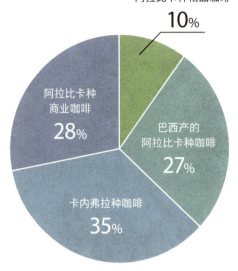

图 1.1　日本的咖啡销量比例（推测）

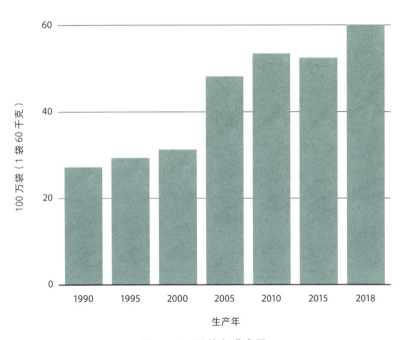

图 1.2　巴西的咖啡产量

数据来源：国际咖啡组织官网 http://www.ico.org

日本销售的主要咖啡品种与风味

（阿拉比卡种精品咖啡、阿拉比卡种商业咖啡、巴西产的阿拉比卡种咖啡、
卡内弗拉种咖啡）

高品质阿拉比卡种（精品咖啡）	
风味	多数产自赤道附近高海拔的国家。清爽的酸与鲜明的醇厚感平衡得很好，有柑橘类水果的酸、华丽的果味。风味具有产地特色
生产国	中美洲国家、哥伦比亚、肯尼亚、卢旺达等许多国家

普通阿拉比卡种（商业咖啡）	
风味	酸度和醇厚感较弱，风味的特性弱。盲品时难以识别出生产国
生产国	中美洲国家、哥伦比亚、坦桑尼亚、埃塞俄比亚等许多国家

巴西产的阿拉比卡种	
风味	属于阿拉比卡种中酸度较低的，但具有醇厚度。多采用日晒法处理，用这种方法处理比用水洗法更易混入瑕疵豆。除了日晒法，也会采用果肉日晒法、半水洗法处理生豆
生产国	巴西

卡内弗拉种	
风味	大量用于速溶咖啡和罐装咖啡的生产。价格便宜，常与阿拉比卡种拼配销售。被评价为无酸度、味道重、像烧焦的大麦茶等
生产国	越南、乌干达、印度尼西亚等

种植环境与咖啡风味

咖啡是主要种植于热带的茜草科被子植物，喜欢避开阳光直射的背阴处 [1]。在靠近赤道的产地，阿拉比卡种栽培于海拔 800 米至 2000 米的高地，这里平均气温 22℃、降雨量 1500 毫米左右，是适宜栽培咖啡的地方。

种植环境（海拔、土壤、种植地的坡度）、气候条件（温度、湿度、昼夜温差）对阿拉比卡种的风味有很大影响。温度尤为重要，高海拔带来的适当昼夜温差能够减缓呼吸作用 [2]，影响咖啡的酸度和醇厚度。

纬度越高越凉爽，海拔较低的地区也能成为适宜栽培咖啡的地方。大致北纬 20 度的夏威夷岛科纳地区海拔约 600 米，适合种植咖啡；而在靠近赤道的哥伦比亚纳里尼奥省和乌伊拉省种植咖啡就需要在海拔 1600 米至 2000 米之间。

1　阿拉比卡种不喜高温多湿、阳光直射的环境。气温在 30 ℃时，叶温会上升至 40 ℃，光合作用速率显著降低。因此，在气温高的产地，为了避免日光直射，要种植高的庇荫树，在树荫下栽培咖啡。在巴西的部分地区和夏威夷的科纳等地，下午常常多云，不需要庇荫树。［山口祯 /《咖啡生产的科学》（コーヒー生産の科学）/ 食品工业 /2000 ］

2　指植物夜以继日地持续吸收氧气、呼出二氧化碳的过程。呼吸作用会随着湿度上升而增强，在低温下会变得缓慢。

火山坡地

火山灰土壤（腐叶土）

苗床

种植（间隔 2 米）

庇荫树

护根（覆盖树叶）

▎咖啡的风味因品种而异

目前市面上常见的阿拉比卡种主要有两个分支，多样的培育品种（见表1.4）也在市面上销售。阿拉比卡种的一个分支是铁皮卡种，从也门经爪哇引入荷兰的植物园，再从巴黎植物园引入加勒比海的马提尼克岛，然后传入加勒比海诸多岛屿、中美洲和南美洲。阿拉比卡种的另一个分支是波旁种，是从也门经过波旁岛（现在的留尼汪岛）传入东非和巴西等地的。许多培育品种都是这两个分支品种突变和杂交成的。除此以外，还有古老的埃塞俄比亚和也门原生品种。

在咖啡发展的历史上，因为需要防治叶锈病和其他疾病，生产的持续性一直受重视，卡内弗拉种和卡蒂姆种[1]的产量因此增加。在2000年以来的精品咖啡热潮下，阿拉比卡种因其独特的风味（见图1.3）备受瞩目。

阿拉比卡种和卡内弗拉种在基因上差异很大，风味也大不相同。然而，阿拉比卡种的培育品种之间基因差异小，风味上的差异也很小。其生产不断受到气候变化的威胁，由于缺乏抗病能力，甚至可能面临灭绝危机。

一个品种的起源和特征很难通过观察种植地的树木形态来判断，

1　在帝汶岛，阿拉比卡种与卡内弗拉种自然杂交生成了帝汶杂交种，我曾经试饮过，感觉风味特性与阿拉比卡种有点儿相似。帝汶杂交种和卡杜拉种杂交，生成了抗叶锈病能力强的卡蒂姆种。

因此，基因分析正在推进。虽然目前我们对品种还有很多未知之处，只能按大类区分，但可以参考世界咖啡研究组织[1]等的研究。

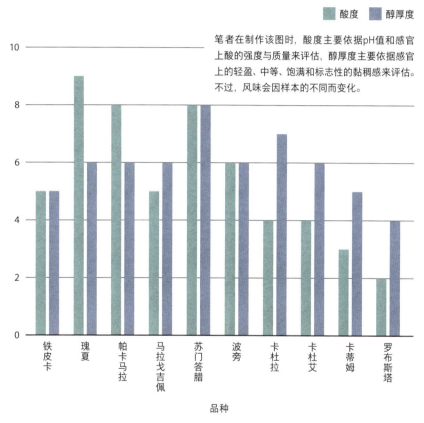

图 1.3　不同品种的风味差别

1　参见世界咖啡研究组织官网 https://varieties.worldcoffeeresearch.org。

表 1.4 主要培育品种的风味特征

阿拉比卡种与卡内弗拉种在植物分类上属于种。目前市面上的铁皮卡种等有时被称为亚种，但本书将它划分为培育品种。

系统	培育品种	风味特征
原生种	埃塞俄比亚系	阿拉比卡种的起源,有华丽的香气和果实般的风味
	也门系	从埃塞俄比亚传入也门(也门据说也有自己的原生品种),有华丽的香气和巧克力般的醇厚感
	瑰夏种	原产于埃塞俄比亚的品种,有鲜明的柠檬、菠萝等水果风味
原生种系	铁皮卡种	有柑橘类水果清爽的酸和丝滑的口感
	波旁种	柑橘类水果鲜明的酸度与醇厚度平衡得很好
	SL 种	酸度强,同时又有华丽的果实感和甜感,是波旁种的精选种
	新世界种	铁皮卡种与波旁种自然杂交而成,在巴西较多
基因突变	卡杜拉种	出自不同产地的风味差距非常大,其中优质的品种和波旁种相似
	马拉戈吉佩种	也被称为"象豆",颗粒大,与铁皮卡种接近,但风味往往缺乏特色
杂交种	帕卡马拉种	由波旁种基因突变后的帕卡斯种与铁皮卡种基因突变后的马拉吉佩种杂交产生。有些具有丝滑的口感,有些具有华丽的果实感
	卡杜艾种	卡杜拉种与新世界种的杂交品种。高海拔种植区可产出风味很好的豆子
卡蒂姆种系杂交种	卡蒂姆种	帝汶杂交种和卡杜拉种的杂交品种,往往酸度较弱,味道较重,回味有混浊感
	卡斯提优种	哥伦比亚为防治叶锈病而研发的品种,在适宜的产区种植出的豆子会有明显的酸度和醇厚感

铁皮卡种　　　　　　　　波旁种　　　　　　　　卡杜拉种

卡杜艾种　　　　　　　　埃塞俄比亚原生种　　　　也门原生种

咖啡的风味受生豆处理方式影响

　　生豆处理，是指咖啡从咖啡樱桃[1]（果实，见图 1.4）到生豆的工序，就是让果实或者羊皮纸层（像羊皮纸的薄膜，也叫内果皮）干燥，去除其中的水分[2]，使其变为适合运输和烘焙的稳定状态。

　　生豆处理方式可以大致分为两种：干法（日晒法）和湿法（水洗法）（见表 1.5）。

　　在埃塞俄比亚、卢旺达、肯尼亚等地的庄园或小农户会使用干法。农民采摘成熟的咖啡果实，将它们送到加工厂[3]。哥伦比亚的小农户等，

1　咖啡果实虽然被称为樱桃，但果肉比樱桃少，而且甜度也很低，不适合直接食用。咖啡果实的最外层是外皮，外皮包裹着果肉和果肉下的内果皮（羊皮纸层）。内果皮的纤维质很厚，有果胶附着于其上。种子的表面覆盖着一层薄薄的银皮（会在烘焙时脱落）。咖啡的种子（胚乳和胚芽）就在银皮之下。胚乳含有种子发芽和生长所需的碳水化合物、蛋白质和脂肪。咖啡樱桃一开始是绿色的，逐渐成熟时会慢慢变为红色，一些波旁种的果实成熟时呈黄色。咖啡樱桃的成熟程度可以从外观判断，但最近也有参考糖度（Brix 值，也被称为白利度）进行采摘的方式出现。

2　咖啡樱桃（果实）的含水量约为 65%，湿的（去掉果肉后）含羊皮纸层豆的含水量约为 55%，干燥后的咖啡樱桃的含水量约为 12%，干燥后的含羊皮纸层豆的含水量约为 12%，生豆的含水量约为 12%。100 千克的咖啡樱桃去掉果肉后，可产出约 45 千克的湿的含羊皮纸层豆，其干燥后的含羊皮纸层豆约为 23.3 千克，变成生豆后约重 19 千克。也就是说，咖啡樱桃只能产出其重量 1/5 的生豆。［吉恩·尼古拉斯·温特根斯 /《咖啡：种植，处理，可持续生产》(*Coffee: Growing, Processing, Sustainable Production*) /Wiley-VCH/2012/p.4,p.613］

3　在埃塞俄比亚、卢旺达等地被称为处理站，而在肯尼亚被称为处理厂等。采用日晒法需要直接让咖啡果实接受日晒至干燥，采用水洗法需要先去除咖啡果实的果肉，再对豆子进行干燥。对咖啡果实进行水洗处理的地方也被称为湿磨坊，而干磨坊会完成羊皮纸层的脱壳，以及生豆的筛选、称重、包装。

会先用小型的果肉去除机去掉咖啡果实的果肉，在水槽中用自然发酵的方法去除羊皮纸层的果胶[1]，再进行水洗、日晒。然后，将它们运送到干磨坊（进行羊皮纸层脱壳和筛选的加工厂），进行脱壳和筛选[2]。与干法相比，湿法使得混入的瑕疵豆较少，会让咖啡呈现有酸度的干净风味。

巴西、埃塞俄比亚、也门等地采用干法。2010 年以来，中美洲国家也开始使用干法。收获果实后，直接将它们铺在干燥场或架子上接受日晒。在巴西等大规模量产咖啡的地方，除了利用日晒，还经常会使用大型烘干机。良好的干燥过程会使咖啡产生宜人的醇厚感和果实风味，而不良的干燥过程则会让发酵味等异味产生。

巴西采用半水洗法和果肉日晒法。把咖啡果实放在水槽里，去掉漂浮起来的过熟果实和杂质，将沉下去的未成熟的和成熟的果实放入果肉去除机（它也会区分成熟的豆子和未成熟的豆子），去掉果肉至露出羊皮纸层，用机器去掉附着在羊皮纸层上的果胶，再让豆子变干，这种方法被称为半水洗法；而直接让豆子在保留黏稠物的情况下变得干燥的方法被称为果肉日晒法[3]。经过半水洗法与水洗（湿法）处理的咖啡风味相似，而经过果肉日晒法与日晒法（干法）处理的咖啡风味接近。哥斯达黎加也采用果肉日晒法，且这种方法在当地被称为蜜处理等。

对于苏门答腊岛的曼特宁，人们采用一种特殊的生豆处理方法。去除咖啡果实的果肉后，让带着羊皮纸层的豆子干燥半天，然后脱掉羊皮纸层，再把生豆晒干。当地经常下雨，晾晒的地方也很少，因此采用这种可以让豆子快速干燥，并给豆子带来独特风味的处理方法。

---

1 不管是用半水洗，还是用果肉日晒法，不同生产者去除果胶的百分比都会有差异。

2 有几种筛选设备，包括按大小区分豆子的尺寸筛选设备、根据重量剔除较轻豆子的比重筛选设备、剔除瑕疵豆的电子筛选设备等，用设备筛选之后，可再进行手工挑选。

3 在哥斯达黎加等地被称为蜜处理，根据去除果胶的百分比不同，还分为黄蜜、红蜜、黑蜜等。

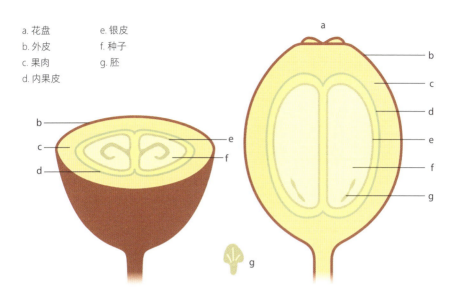

a. 花盘   e. 银皮
b. 外皮   f. 种子
c. 果肉   g. 胚
d. 内果皮

图 1.4　咖啡樱桃

肯尼亚水洗处理的果肉去除机

埃塞俄比亚日晒法中的干燥

肯尼亚水洗法中的干燥

萨尔瓦多水洗法中的干燥

苏门答腊岛的手工挑选

多米尼加的手工挑选

表 1.5　主要的生豆处理方式与含水量差别

	水洗法（湿法）	半水洗法	果肉日晒法	日晒法（干法）
是否去除果肉	去除	去除	去除	不去除
果实的含水量	65%	65%	65%	65%
去除果胶的方式	在水槽中发酵100%去除	用机器去除	保留果胶	不去除
干燥前的状态	湿羊皮纸层	湿羊皮纸层	湿羊皮纸层	咖啡樱桃
去除果肉后的含水量	55%	55%	55%	
干燥后的状态	干羊皮纸层	干羊皮纸层	干羊皮纸层	干咖啡樱桃
干燥后的含水量	12%	12%	12%	12%
运输时的含水量	11%—12%	11%—12%	11%—12%	11%—12%

含羊皮纸层咖啡

生豆

咖啡的风味受瑕疵豆数量影响

优质咖啡包含的瑕疵豆数量（见第 24 页图 1.5）非常少，因此杂味和涩味少，萃取液干净，产地风味易于识别。在精品咖啡协会的生豆分级方式中，区分精品咖啡豆与商业咖啡豆的依据是瑕疵豆的数量。例如，有 5 颗轻微虫蛀豆就会扣 1 分。一批豆子如果据此扣的分少于 5 分，则被归类为精品豆。未成熟的豆子会有涩味，残缺豆或者虫蛀豆会导致萃取液混浊、有杂味。

此外，黑豆和发酵豆对风味有很大影响。一批豆子中哪怕只混入 1 颗黑豆或发酵豆，也会被排除在精品咖啡之外。在这个样本（见表 1.6）中，哥伦比亚和埃塞俄比亚的商业豆和卡内弗拉种里，存在黑豆或发酵豆，它们会带有发酵味或者异味是可以预料的。

精品豆中的瑕疵豆比商业豆中的少，并且酸度高、有醇厚感，在采用精品咖啡协会标准进行感官评估时得分更高。

生豆分级

咖啡的风味受生豆品质影响。精品咖啡协会采用的生豆分级方式与杯测方式都是评估经过水洗法处理的阿拉比卡生豆品质的重要手法。评估生豆品质时，不仅要检查瑕疵豆的种类与数量，还要检查生豆的颜色、气味，以及烘焙时奎克豆（未熟豆，烘焙时上色较差）的数量、含水量，等等。该生豆分级方式是阿拉比卡精品咖啡质量分级品鉴师（Q Arabica Grader，是能根据精品咖啡协会制定的标准评估咖啡的专业人士，经国际咖啡品质研究所认证。该资格并非终身有效，每三年需要进行一次更新考试。）考试的科目之一。国际上合格的阿拉比卡精品咖啡质量分级品鉴师人数正在增加。在日本，"阿拉比卡精品咖啡质量分级品鉴师课程"（连续 6 天的培训及考试）由日本精品咖啡协会举办，该协会是国际咖啡品质研究所的合作机构。

水洗阿拉比卡种生豆瑕疵的海报

国际咖啡品质研究所官网：https://www.coffeeinstitute.org

精品咖啡协会官网：http://sca.coffee

表 1.6 300 克生豆中瑕疵豆的数量（2018—2019 收获年）

计算 300 克哥伦比亚产的、埃塞俄比亚产的和罗布斯塔种（卡内弗拉种）生豆中的瑕疵豆数量

	哥伦比亚 / 商业豆	哥伦比亚 / 精品豆	埃塞俄比亚 / 商业豆	埃塞俄比亚 / 精品豆	罗布斯塔种 生豆
黑豆	1				
完全发酵豆			4		4
部分发酵豆	2		3		1
霉豆			1		
异物/石头			1		1
严重虫蛀豆	7	1	1		
轻微虫蛀豆	7	1	7	1	2
漂浮豆		1	2		
未熟豆	6		79	6	14
褶皱豆	3				
贝壳豆	1		2	1	
破损/残缺豆	15	2	50	6	38
瑕疵豆总数	43	5	150	14	60
精品咖啡协会 感官评估得分	76	84	60	86.75	60

精品咖啡生豆 埃塞俄比亚

精品咖啡烘焙豆 埃塞俄比亚

商业咖啡生豆 埃塞俄比亚

商业咖啡烘焙豆 埃塞俄比亚

生豆 罗布斯塔种

烘焙豆 罗布斯塔种

黑豆

外表	变黑
原因	细菌造成损害
对风味的影响	异味

发酵豆

外表	变黑
原因	过度发酵
对风味的影响	异味

霉豆

外表	变黑
原因	储存不当
对风味的影响	霉味

虫蛀豆

外表	虫蛀
原因	虫侵入咖啡樱桃
对风味的影响	异味

未熟豆

外表	发皱、附着银皮
原因	未成熟
对风味的影响	涩味

漂浮豆

外表	可漂在水面上
原因	储存不当
对风味的影响	异味

褶皱豆

外表	表面有很深的褶皱
原因	发育不良
对风味的影响	异味

贝壳豆

外表	贝壳状
原因	发育不良
对风味的影响	焦呛味

破损/残缺豆

外表	豆子有残缺
原因	脱壳不当
对风味的影响	杂味、混浊

图 1.5　瑕疵豆的种类

关于瑕疵豆，也可以参考 ISO10470（生豆瑕疵参考表）。

资料来源：堀口俊英/《咖啡教科书》（珈琲の教科書)/新星出版社/ 2010

‖ 品质好的咖啡风味也好

表 1.7 列出了 2016 年至 2018 年巴西、哥伦比亚、危地马拉、肯尼亚、坦桑尼亚、埃塞俄比亚 6 个国家日晒处理豆和水洗处理豆样本理化分析数值的平均值。与商业豆相比，精品豆的 pH 值较低、总酸度（可滴定酸度）较高、脂质和蔗糖含量较高，两者的这些数值间有显著性

表 1.7 50 个样本在 2016 年至 2018 年的理化数值平均值
来自笔者的实验数据

	精品豆的理化数值平均值（样本数量为 25）	商业豆的理化数值平均值（样本数量为 25）
pH值	4.91	5.00
可滴定酸度（毫升/100克）	7.30	6.68
脂质含量（克/100克）	16.2	15.8
酸价	2.58	4.28
蔗糖含量（克/100克）	7.34	7.02
按精品咖啡协会的评估标准进行感官评估的得分	83.5	74

差异（p<0.05）[1]。此外，精品豆的酸价[2]比商业豆的小，这两个数值间也有显著性差异。

精品咖啡生豆样品的总脂质和蔗糖含量较高，影响了感官评估中的醇厚度。精品豆的脂质变质得较少，其中没有浊味，风味更干净。感官评估总分与酸价呈负相关[3]，感官评估的酸度得分与 pH 值也呈负相关，感官评估的醇厚度得分与总脂质含量呈正相关[4]。这表明，精品豆样本和商业豆样本之间存在明显的质量差异。从结果看，两者的感官评估总分存在约 10 分的差异。

埃塞俄比亚咖啡豆杯测

哥斯达黎加咖啡豆杯测

1　这意味着分析对象间存在统计学上的差异，由偶然性造成差异的概率很小（小于 5%）。
2　酸价是衡量油脂变质的指标。咖啡的脂质含量约为 16%，所以当它变质时，会有枯草和朽木的味道。酸价的数值越低，咖啡变质的程度就越低。精米的脂质含量为 1%，米的酸价越高，就越有陈米的味道。经过烘焙的豆子，大约 4 周后就会氧化。
3　感官评估得分越高，pH 值和酸价的数值越低，也就是说，感官评估越好，酸度越强，脂质变质得越少。
4　脂质含量越高，感官评估得分越高。

咖啡的风味受运输过程影响

咖啡以生豆的形式从生产国出口，在消费国经烘焙后被饮用。运输过程见第 28 页"从产地出发的大致路线"。每个国家的运输过程都很复杂，这里只是例子。

通常用麻袋包装生豆后，将其装入常温干货集装箱，运输到日本后，储存在常温仓库内。然而，经过赤道地区时，集装箱内的温度可能超过 40℃，湿度也会上升，因此 2010 年左右开始，在进口生豆时采取措施以保持其质量。

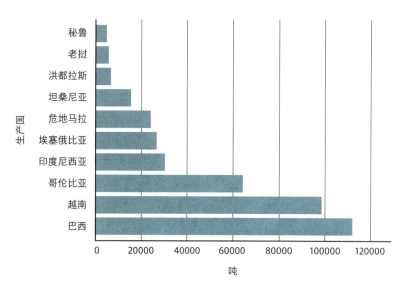

图 1.6　日本的生豆进口量（2018 年）

一些精品咖啡豆不使用麻袋包装，而使用真空包装袋[1]（容量为10—35千克）或谷物专用包装袋[2]，并用冷藏集装箱（温度设定为15℃）运输。抵达日本后，被储存在恒温仓库（15℃）。由此，可以很好地维持生豆的新鲜度。

从产地出发的大致路线

咖啡樱桃—去除果肉—含羊皮纸层咖啡豆干燥（至此在湿磨坊进行）—脱壳—筛选—包装—储存（至此在干磨坊进行）—出口业务

生产国		消费国	
小农户	将咖啡樱桃或加工至含羊皮纸层状态的豆子出售给农业合作社等。	进口公司	进口生豆，出售给生豆批发商、大型烘焙公司。
农业合作社	在处理厂去除果肉、干燥。有些咖啡豆会在这里出口。	生豆批发商	高品质豆由自己进口；普通豆会从进口生豆的大公司购买，然后出售给中小型烘焙公司、家庭烘焙店。
生豆处理从业者	对含羊皮纸层的咖啡豆、干咖啡樱桃进行脱壳、筛选和包装。	港口仓库	在常温或恒温仓库中储存生豆，并进行运输。
大庄园	一些庄园拥有自己的干磨坊，也会开展出口业务。	大型烘焙商	向咖啡店、超市、家庭等出售烘焙豆，也出售用于制作罐装咖啡的豆子。
装货港	将生豆装入集装箱。	小型烘焙商	烘焙生豆，出售给咖啡店等商业经营者。
		家庭烘焙店	烘焙生豆，主要出售给家庭。

生产者 ➤ 消费者

1　大约10—35千克的商品被装在一个真空包装袋里，真空密封，再用纸箱加强。并非所有国家都能够使用真空包装袋。
2　由高强度聚乙烯制成，具有隔水和隔气性能，用于安全储存农产品。可作为麻袋的内袋，使用时绑住顶端。

集装箱

恒温仓库（15℃）

真空包装袋

谷物专用包装袋

麻袋

到港后一年内，与用真空包装、恒温储存的生豆相比，用麻袋包装、室温储存的生豆 pH 值会更高（见图 1.7），在感官评估中也可以感受到酸度的降低。

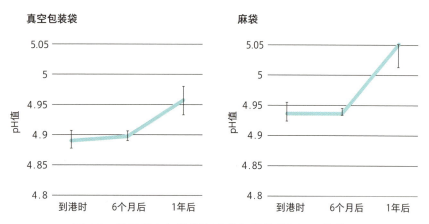

图 1.7　使用真空包装袋和麻袋包装的生豆 pH 值差异

将一种生豆分成两部分，一部分用真空包装、冷藏集装箱进口，一部分用麻袋包装、常温集装箱进口。生豆到港后可以发现，真空包装的生豆比麻袋包装的生豆 pH 值低，脂质损失少。

资料来源：堀口俊英 /《咖啡流通过程中包装运输和储存方式的差异对质量变化的影响》（コーヒー生豆の流通過程における梱包、輸送、保管方法の違いが品質変化に及ぼす影響）/ 日本食品保藏科学会志 45, pp.129—134/2019

从化学数值中了解咖啡品质

过去，咖啡研究的重点是比较阿拉比卡种和卡内弗拉种这两个具有不同遗传特征的品种。在 2000 年以前，市面上大多数咖啡的信息几乎只有生产国的名称，咖啡的生产历史模糊不清。因此，很多文献给出的同一种咖啡的物理和化学数值都不尽相同，研究的可重复性也很有限。

现在，咖啡研究已经变得更加专业化，涉及生理学、农学、基因组学、气候变化、病理学（叶锈病等）/ 害虫和化学等。世界各地的大学和研究机构都在使用高精度的分析设备[1]。

如果能够熟练使用设备，就可以进行多样的分析，并对分析结果进行统计、解析。但分析结果意味着什么？我们能从中得出什么？要理解这些结果的含义是很难的，必须要有咖啡的知识和相关经验，而且很考验研究者的感性思维和洞察力。

本书探究咖啡生豆所含的理化基本成分等对其品质的影响，并以此为一个新的研究方向。这一章列出了一些来自研究生院的实验数据[2]。我们将不详细讨论咖啡生豆的理化数值与风味之间的相关性，但会把实验数值作为最终感官评估的基准。

---

1 使用能进行气体分析的气相色谱仪，能进行液体分析的高效液相色谱仪，以及结合质谱分析的气相色谱质谱联用仪、液相色谱质谱联用仪等。
2 实验分析了几个可以通过感官感受到的、影响咖啡风味的理化分析数值，包括生豆的总脂质含量和酸价（脂质变质指数）、烘焙豆的 pH 值、有机酸含量和成分、蔗糖含量。这些数值与感官评估结果相关，能够作为新的质量评价标准。

蒸发器

茄形烧瓶

表 2.1　咖啡豆的成分（占无水物的百分比）

成分	生豆（%）	烘焙豆（%）	特征
水分	8.0—12	2.0—3.0	烘焙后减少
灰分（矿物质）	3.0—4.0	3.0—4.0	钾含量高
脂质	12—19	14—19	因海拔高度而异
蛋白质	10—12	11—14	烘焙后无明显变化
氨基酸	2.0	0	取决于果实的成熟度
有机酸	—2.0	1.8—3.0	柠檬酸含量高
蔗糖（双糖）	6.0—8.0	0—2.0	取决于果实的成熟度
多糖	50—55	24—39	淀粉、膳食纤维等
咖啡因	1.0—2.0	—1.0	对苦味的影响约为 10%
绿原酸	5.0—8.0	1.2—2.3	与涩味和苦味有关
葫芦巴碱	1.0—1.2	0.5—1.0	烘焙后减少
褐色色素	0	16—17	影响苦味和醇厚度

参见 R.J.Clarke /*Coffee: Volume 1: Chemistry* /Springer/2013/p.33 ，以及笔者的实验数据。

物理和化学的实验方法

在研究生阶段，经过不断试错，找到了以下研究"生豆与烘焙豆的成分（理化数值）对咖啡风味的影响程度"的实验方法。使用到港后 3 个月内的精品豆和商业豆进行分析，如果实验持续的时间较长，则将它们储存在 −30℃的冰箱里。实验[1] 进行 5 次。由讨论组成员[2] 进行感官评估。

表 2.2　生豆实验（2015—2018 年）

对象	内容	实验方法等	对风味的影响
水分	含水量	用电炉称量蒸发量	生豆的含水量
灰分	矿物质含量	用电炉燃烧并称量	尚不明确
蛋白质	蛋白质含量	凯氏定氮法	尚不明确
脂质含量[3]（克/100 克）	总脂质	氯仿–甲醇提取法	黏性、醇厚度
碳水化合物	多糖	100 −（水分+灰分+蛋白质+脂质）	部分影响黏性
● pH 值	氢离子浓度	用 pH 计测量	酸的强度
可滴定酸度（毫升/100 克）	有机酸的总量	用氢氧化钠中和至 pH 值为 7	酸的复杂度
● 有机酸[4]（毫克/100 克）	有机酸的构成	使用高效液相色谱仪[5]测量	酸的质量
酸价[6]	脂质的变质程度	脂质提取后用氢氧化钾测定	澄净度
蔗糖	蔗糖含量	使用高效液相色谱仪测量	甜感
● 咖啡因	咖啡因含量	使用高效液相色谱仪测量	苦味
氨基酸	氨基酸构成	正在分析中	鲜味

注："对象"前标注"·"的使用了烘焙豆进行分析。

1　实验参考文献：片冈荣子等 /《营养学：食品科学学习者的食品化学实验》（栄養学·食品学を学ぶヒトのための食品化学実験）/ 地人书馆 /2003/ pp.89—91

2　讨论组成员共 13 人，具有咖啡的基础知识（产地、种植、生豆处理、品种等），至少有 5 年的精品咖啡饮用经验，有杯测（品鉴）的经验，并具有相当于阿拉比卡精品咖啡质量分级品鉴师的技能。

3　在氯仿和甲醇的混合液中提取生豆的脂质，然后用蒸发器蒸发有机溶剂（见第 34 页照片）。茄形烧瓶中有脂质气味，表明它吸附了生豆包含的香气。由此可知脂质是非常重要的成分。

4　Carla Isabel et al./Application of solid-phase extraction to brewed coffee caffeine and organic acid determination by UV/HPLC/ Journal of Food Composition and Analysis 20-5,pp.440—448/2007

5　用于分离和检测液体中的成分的仪器。它原本是具有实验可重复性的分析设备，但固相萃取（咖啡的萃取、去除杂质等预处理）方法的不同导致检测数据有差异。许多论文和化学书籍给出了不同的有机酸和氨基酸的数据。

6　独立行政法人农林水产消费安全技术中心 /《食用植物油脂酸价测定程序手册》（食用植物油脂の酸価測定手順書）

咖啡生豆的基本成分构成了风味

与其他食物相比，咖啡的成分多样化，风味复杂。我们收集了来自 5 个国家的精品咖啡生豆和商业咖啡生豆作为样本，分析了它们的基本成分：水分、灰分、脂质、蛋白质、碳水化合物（减法计算）和 pH 值（见表 2.3）。分析表明，精品豆和商业豆在脂质含量和酸的强度（pH

表 2.3　生豆基本成分分析结果

生产国	水分		蛋白质		脂质		灰分		碳水化合物		pH值/烘焙豆	
	精品豆	商业豆	精品豆	商业豆	精品豆	商业豆	精品豆	商业豆	精品豆	商业豆	精品豆	商业豆
哥伦比亚	10.8	11.0	11.0	10.9	18.5	17.4	3.4	3.5	56.3	57.2	4.80	4.95
埃塞俄比亚	10.9	11.1	10.9	11.0	18.1	17.1	3.3	3.4	56.6	57.6	4.90	5.15
巴西	12.1	12.3	12.1	11.5	18.2	17.5	3.8	3.9	53.6	55.0	5.00	5.03
印度尼西亚	10.8	11.3	11.4	10.5	17.5	16.1	3.3	3.5	56.9	58.5	4.85	4.90
危地马拉	11.2	11.6	11.4	11.4	18.5	16.7	3.3	3.3	55.4	57.6	4.95	5.00

表格的解读方式：

1 数值以 % 为单位（除了 pH 值），测试于 2016 年 6 月（实验次数 5 次），测试对象为 2016 年到港的生豆。烘焙豆的烘焙方式为中度烘焙。

2 碳水化合物的计算方法是 100 −（水分＋蛋白质＋脂质＋灰分）。

3 水分会因生产国不同而异。精品豆和商业豆之间的蛋白质和灰分没有显著性差异。精品豆的脂质含量为 17.5%—18.5%，商业豆的脂质含量为 16.1%—17.5%，两者存在显著性差异。商业豆的 pH 值为 4.9—5.15，而精品豆的 pH 值为 4.8—5，精品豆呈现出酸度更强的趋势。因此，脂质含量和 pH 值被认为是评估咖啡风味的重要指标。

4 显著性差异：不具备偶然性的统计差异。

5 烘焙豆的 pH 值越低，咖啡的酸度越强。柠檬的 pH 值为 2，中度烘焙咖啡的 pH 值为 5 左右，城市烘焙的 pH 值为 5.3 左右，法式烘焙的 pH 值为 5.6 左右。7 为 pH 值的中性值，这意味着咖啡是弱酸性的。

值[1]）方面存在差异。

所得数值基于实验样本，并不适用于相关生产国的所有咖啡，仅作为参考值。样本是各国作为精品豆和商业豆销售的豆子。实验实施于样本到港后 3 个月内。

① 水分

水分含量因生产国和生豆处理方法不同而略有不同。水分含量超过 13% 时，豆子发霉的风险就会增加，因此，生产国的豆子出口时的水分含量为 10%—12%。水分含量会受包装材料、运输方式、存储仓库和豆子到港后的天数等外部因素影响而变化，所以必须测量豆子到港时的水分含量。样本抵达港口时，水分含量在 10.8%—12.1% 之间是适当的。

② 蛋白质

生豆的蛋白质含量通常在 10%—12% 之间。在本次分析中，巴西精品豆的蛋白质含量为 12.1%，高于其他生产国豆子的蛋白质含量。

③ 总脂质含量

阿拉比卡种生豆的脂质[2] 含量（见图 2.1）在 12%—19% 之间，虽然不及大豆的（20%）、芝麻的（50%）和可可的（50%），但相对来说，属于脂质含量较多的。咖啡中大约 75% 的脂质是三酸甘油酯[3]（中性脂肪），其脂肪酸以亚油酸（47.3%）和棕榈酸（33.3%）为主。

---

1 氢离子浓度是衡量酸的强度的标准。精品豆的酸度往往比商业豆的酸度强。在表 2.3 中，哥伦比亚精品豆的 pH 值为 4.80，埃塞俄比亚商业豆的 pH 值为 5.15，两者之间的差异为 0.35。这种差异对大多数人来说是可以感知的。

2 脂质是可溶于乙醚等有机溶剂，但难溶于水的成分的总称。油脂是脂质的一部分。油是液体，脂是固体，油脂是油和脂的总称。

3 中林敏郎等 /《咖啡烘焙的化学与技术》（コーヒー焙煎の化学と技術）/ 弘学出版 /1995/p.32

可以推测，脂质含量对风味有很大影响。脂质"作为提供能量必需的脂肪酸的来源，在营养学上非常重要，在食品科学方面，它们影响着食品的质地和物理特性"[1]。巧克力、金枪鱼腩和其他脂质含量高的食物，口感如奶油一般，脂质是决定食物美味程度的重要因素。

咖啡中的脂质会影响感官评估中的醇厚度。醇厚与其说是一种味道，不如说是触感和黏稠感，比如是水状或者油状的。

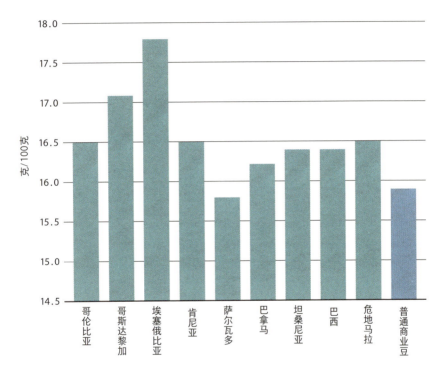

图 2.1　各生产国 100 克豆子中的脂质含量

根据样本的不同，各生产国豆子的实验数据会有很大差异，因此请避免按此图下定论。

1　高村仁知 /《食品的脂质变质与风味变化的相关研究》（食品の脂質劣化および風味変化に関する研究）/ 日本食品科学工学会志 53-8,pp.401—407/2006

④ 灰分

生豆的矿物质含量约为 3.3%—3.9%，各生产国的生豆之间没有显著性差异。在咖啡萃取液中，钾含量为 65 毫克 /100 克，几乎是磷和镁含量的 10 倍（日本食品标准成分表 2017 年版），这些成分的含量和组合可能受水质、土壤和肥料的影响。然而，生豆中每种矿物质含量非常少，很难找到它们与风味的相关性。

⑤ 碳水化合物（多糖）

碳水化合物是淀粉等糖类和膳食纤维的统称。碳水化合物与蛋白质和脂质一起被称为"三大营养素"，在生豆中约占 50%—60%，但在烘焙后减少到 30%—50%。咖啡萃取液中 98.6% 是水，其中含有浓度很高（0.7%）的可溶性膳食纤维（日本食品标准成分表 2017 年版）。因此，它可能会影响咖啡的浓度（糖度）。

⑥ pH 值

图 2.3 是基于 2018 年（2017—2018 收获年）到港的 5 种精品咖啡烘焙豆 pH 值的平均值制成的。影响总酸度的主要因素是昼夜温差等。在同一纬度上，生产地海拔越高，生豆的总酸度往往越高。

咖啡萃取工具

pH 计

萃取咖啡后，可以用 pH 计测量 pH 值。测量温度约为 25℃。用氢氧化钠中和滴定萃取物至 pH 值为 7，计算得出可滴定酸度（总酸度）。

pH 值 4.75　　　　　**pH 值 5.20**　　　　　**pH 值 5.60**

中度烘焙　　　　　　　城市烘焙　　　　　　　法式烘焙

强烈而华丽的酸，　　　　柔和的酸，　　　　　　浓郁的味道，
柠檬、杏子　　　　　柑橘类水果甘甜的酸　　　　西梅干

图 2.2　不同烘焙程度下，肯尼亚精品豆的 pH 值和风味差异

使用2018年（2017—2018收获年）到港的5种精品咖啡烘焙豆的pH值平均值制成此图。可以看出，肯尼亚烘焙豆的酸性较强，而巴西烘焙豆的酸性较弱。在哥伦比亚的纳里尼奥省、哥斯达黎加的微型磨坊与危地马拉的安提瓜生产的一些咖啡中，可以找到与肯尼亚产咖啡的酸度相当的咖啡。

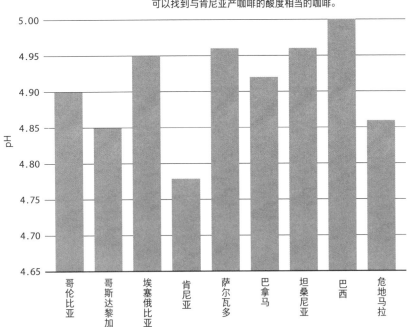

图 2.3　各生产国豆子的 pH 值

根据样本的不同，各生产国豆子的实验数据会有很大差异，因此请避免按此图下定论。

除了生豆的基本成分，其他影响咖啡风味的成分

① 有机酸

酸度是咖啡的一种重要风味，是由柠檬酸和苹果酸等物质引起的味觉体验。这些酸在溶于水时释放出氢离子，因此酸度的强弱与咖啡萃取液的氢离子浓度和 pH 值大致相符。 pH 值较低、酸性强的咖啡，其总酸的含量往往也较高。

对有机酸成分的分析表明，柠檬酸的含量（柠檬或柑橘类水果的酸味）越高，酸味的质量越好。 推测认为，酸味的变化与醋酸（醋等强烈的酸味）和苹果酸的含量和组成有关，但还需要进一步研究。危

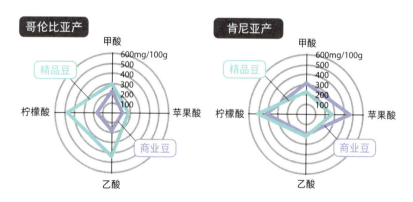

图 2.4 有机酸的构成

在这个样本中，哥伦比亚产的精品豆是酸味以柠檬酸为基底、酸度较强的咖啡，而肯尼亚产的商业豆中苹果酸和甲酸的比例较高。由此可以推测，与以柠檬酸为基底的精品豆相比，肯尼亚产的商业豆会有不同的酸味。然而，这些成分含量的数值可能因样本的不同而有所不同。

地马拉等中美洲国家和哥伦比亚的咖啡的柠檬酸含量高，具有鲜明的柑橘类酸味。

② 蔗糖

蔗糖是一种由葡萄糖和果糖组成的双糖，是砂糖的原料。咖啡生豆含有约 6%—8% 的蔗糖。在烘焙时，蔗糖经过焦糖化与氨基酸结合，产生芳香成分和美拉德反应的化合物，赋予最终的咖啡萃取液甜味和醇厚感。

基于2018年到港（2017—2018收获年）的10种精品咖啡生豆的蔗糖含量平均值做成此表。精品豆的蔗糖含量在7.4%—8.2%之间，高于普通商业豆的蔗糖含量平均值7.37%。蔗糖会随着烘焙大量消失，但在焦糖化的过程中产生了甘甜的香味成分，因此蔗糖含量高的生豆甜感高的可能性更大（实验次数5次）。

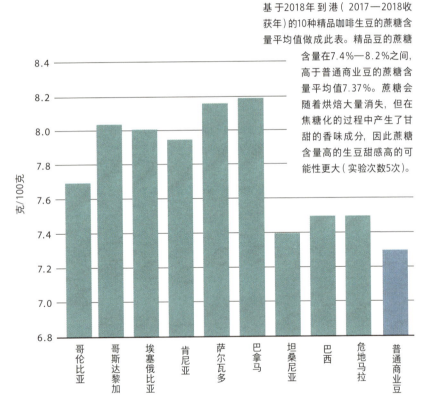

图 2.5　各生产国 100 克豆子中的蔗糖含量

根据样本的不同，各生产国豆子的实验数据会有很大差异，因此请避免按此图下定论。巴拿马产的咖啡豆中包含瑰夏种，萨尔瓦多产的咖啡豆中包含帕卡马拉种。

③ 氨基酸

在烘焙过程中，氨基酸与蔗糖结合，产生香气成分和美拉德反应化合物（褐色色素等），这些成分被认为赋予了萃取液苦味、甜味和醇厚感。生豆中的氨基酸，即所谓的鲜味成分中，有约 20% 的谷氨酸[1] 和 10% 的天冬氨酸[2]。萃取液中的谷氨酸含量最高[3]，为 33 毫克 /100 克。

此外，使用电子舌[4] 分析中度烘焙和法式烘焙的曼特宁与哥伦比亚产咖啡豆，结果显示，深度烘焙的豆子鲜味成分更多（见图 2.6）。

电子舌，Intelligent Sensor Technology 公司生产

1　Nguyen Van Chuyen、石川俊次 /《咖啡的科学与功能》（コーヒーの科学と機能）/ I · K Corporation/2008/p.21
2　R. J. Clarke/*Coffee: Volume 1: Chemistry*/ 施普林格出版社 /2013/p.142
3　日本食品成分表 2018 年 7 月修订版。
4　带有分析苦味、酸味、涩味、咸味和鲜味 5 种传感器的装置，可以将味道的强度图表化。"苦味传感器"可以感知产生苦味的物质，"苦味杂味"是前味，"苦味"指后味中的苦味。

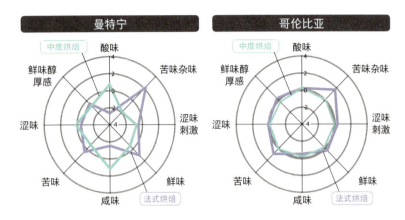

图 2.6　电子舌对咖啡萃取液的分析结果

图片显示了电子舌对曼特宁和哥伦比亚产的中度烘焙豆和法式烘焙豆的分析结果。可以看到法式烘焙的豆子比中度烘焙的苦味更强。

④ 咖啡因

　　植物中最常见的苦味物质是生物碱[1]。出于生理防御，与其他味道能被感知的临界值相比，生物碱的阈值[2]最低，很容易被身体感知。咖啡因就是一种生物碱，大剂量摄入对人体有害，但适量的咖啡因可以帮助人缓解紧张、消除困意、改善情绪等。阿拉比卡种的咖啡因含量在 0.9%—1.4% 之间，而卡内弗拉种的咖啡因含量更高，为 1.5%—2.6%。生豆中的咖啡因含量在烘焙前后没有明显变化。除咖啡因外，咖啡中还有其他苦味物质，如绿原酸类、葫芦巴碱和褐色色素（美拉德反应产生的），但它们与味道的相关性还不明确。

1　如尼古丁、可卡因等，是主要存在于植物中的含氮的碱性有机化合物的总称，咖啡因也是其中之一。生物碱呈碱性，在水溶液中 pH 值大于 7。

2　味道能够被感知的临界值。与其他味道相比，像咖啡因一样的苦味具有最低的阈值，很容易被感知到。

用 150 毫升热水浸泡 10 克咖啡粉，萃取液的咖啡因含量约为 60 毫克 /150 毫升(日本食品标准成分表)。每天喝 3 杯咖啡一般没有问题，但建议对咖啡因不耐受的人喝无咖啡因的咖啡。

⑤ 绿原酸

绿原酸存在于植物的根部和果实中，是由奎尼酸和咖啡酸结合而成的化合物群的总称。据说绿原酸在烘焙过程中会因形成绿原酸内酯而产生苦味，但这种苦味难以像咖啡因一样被感知。

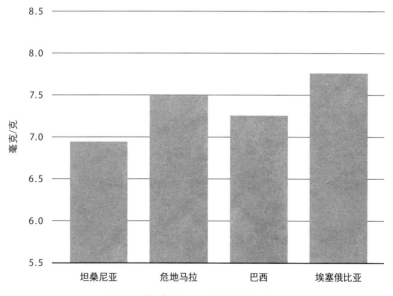

用高效液相色谱仪分析4个国家的样本。在本次收集的样本中，危地马拉和埃塞俄比亚产的豆子的咖啡因含量明显高于坦桑尼亚产的豆子（ $p < 0.01$ ）。

图 2.7　各生产国豆子的咖啡因含量

最终对咖啡风味影响最大的成分是有机酸、脂质、蔗糖和氨基酸，但其他成分也可能产生影响，如咖啡因和绿原酸。咖啡的风味来自这些成分的复杂组合。

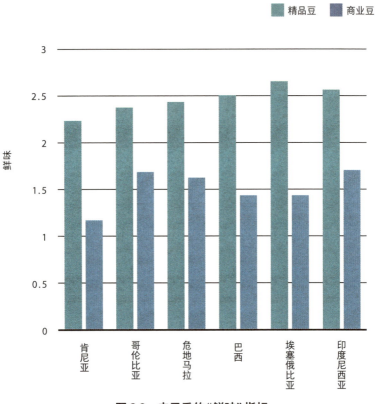

图 2.8　电子舌的"鲜味"指标

使用电子舌将精品豆和商业豆的"鲜味"数值图表化，精品豆的鲜味呈现出比商业豆的鲜味更高的趋向。我们还可以推测出，豆子经日晒法处理可能比经水洗法处理更容易被感受到鲜味。此外，不同产地的精品咖啡样品数值可能有显著的差距。此图的结果无法代表各生产国的数据。

了解烘焙的意义

1990 年，我刚开始创业时，中度烘焙的咖啡占据了 90% 以上的市场份额。当时，由于豆质坚硬的新豆[1] 表面不易起皱，很多烘豆师喜欢使用存放于仓库的刚到港几个月的豆子。然而，随着存放的时间变长，生豆会变质。我想要一种咖啡，在深度烘焙后没有刺鼻的焦味和烟味、柔和的苦味中有淡淡的酸味、有其产地独特的风味。为了做出这种理想的咖啡，我需要质地坚硬、能够经受住深度烘焙的新豆。此外，当时的烘豆机性能还很难实现对新豆进行法式烘焙，因此我改良了 5 千克直火式烘豆机[2]。

1 安装了排风扇，因为法式烘焙会产生大量的烟。

2 增加了燃烧器的数量，弥补热量的不足。

3 增加了燃烧器和滚筒之间的距离，防止豆子被烤焦。

有了这台改良烘豆机[3]，我得以使用新豆进行城市烘焙和法式烘焙。然而，在 20 世纪 90 年代，新豆并不常见，需要花费大量精力去寻找。而且，即使是同一产地的生豆，如果到港批次不同，风味差异也很大。因此，但凡有被认为是优质咖啡[4] 的生豆，我都会尝试烘焙，反复试错。即便如此，也很少能发现令人满意的生豆。2000 年初，为了获得理想中的生豆，我开始到产地去。同时，为了把握生豆的品质，我努力提升品鉴的技能。"这种豆子适合烘焙到什么程度？""它的新鲜程度如何，

1　主要指日本到港一年内的新鲜生豆，它们在下一个收获年度的豆子到港后变为旧豆。

2　滚筒上有小孔，可以让火直接接触到豆子。半热风式烘豆机的滚筒则没有小孔。

3　我当时使用的改良烘豆机，现在仍在被群马县高崎市的 Tonbi Coffee 使用。与当时的烘豆机相比，现在的烘豆机性能提升很多，所以改良的必要性很小。

4　20 世纪 90 年代，为了区别于普通商业咖啡豆，由进口商和产地出口商打造的优质咖啡开始增加。

什么时候能形成最好的风味？"我常常思考这些问题。为了提高品鉴能力，我还参加了很多葡萄酒品鉴会。

刚开业的六年内，我都自己烘焙豆子，后来我把精力集中在培养烘豆师上，培养出很多烘豆师。不过，为了避免感官变得迟钝，我一直在进行样本豆的烘焙。在 21 世纪的第一个 10 年里，通过为 100 家家庭烘焙店提供开业支援，我在日本各地做过烘焙指导。

不过，本书并不是烘焙指南，只介绍最基础的咖啡烘焙知识。

从右到左：新豆、当季豆（采收一段时间后的、下一个收获年前的豆子）和旧豆。采收后随着时间的推移，其成分发生了变化，对风味产生了影响。

为什么要烘焙豆子

烘焙，是指通过加热（传热[1]，即热量的移动）将生豆的含水量从11%左右降低到2%—3%的过程，使其变成易于研磨和适合萃取的烘焙豆。热量从热源传到豆子的表面，然后再传到豆子的内部。

烘焙是激发生豆风味潜能的过程。因此，必须了解生豆本身。自2000年以来，由于精品咖啡市场的扩大，生豆的品质得到提升。2010年后，来自海拔2000米以上产地的硬质生豆增多，生豆的处理方式更多样化，风味也变得更加复杂。现在，我们要想发挥出生豆的潜能，需要比以往更丰富的经验。此外，有一种价值观正在形成：无视生豆本身的潜能，一味把浅烘当成最佳烘焙方式。为此，我在这里整理了烘焙的知识。

在整个烘焙过程中，通过热量的传递，生豆所含的成分发生化学变化，被分解、流失，并生成新的挥发性和非挥发性物质。传热会影响最终萃取出的咖啡的风味，因此烘焙曲线[2]非常重要。

在烘焙时，生豆的水分蒸发，细胞组织收缩。继续加热，则会让生豆内部膨胀，形成蜂巢状的多孔结构[3]。此时，咖啡的成分附着在蜂

1　由于温差引起的热的转移，包括固体内的热传导、固体表面和流体内发生的热对流，以及通过电磁波发散的热辐射。

2　在烘焙过程中，因加热和排风操作而产生的温度变化曲线。

3　中林敏郎等 /《咖啡烘焙的科学与技术》（コーヒー焙煎の科学と技術）/ 弘学出版 /1995/ pp.96—97；广濑幸雄 /《深入了解咖啡学》（もっと知りたいコーヒー学）/ 旭屋出版 /2007/pp.19—21

巢孔的内壁上，封住了二氧化碳。多孔结构中，蜂巢孔的尺寸在 0.005—0.05 毫米之间。咖啡被研磨后，这个结构仍保留在粉末中，但研磨得越细，蜂巢孔越容易破裂，里面的气体就越容易逸出，咖啡的成分就越容易暴露在空气中并被氧化。

生豆中含有的 6%—8% 的蔗糖，在 150—160℃ 的烘焙温度下开始焦糖化，然后与氨基酸结合，发生美拉德反应[1]。通常情况下，蔗糖被分解时，会变成一种叫作羟甲基糠醛的香甜的物质。在咖啡中，除了蔗糖分子，还有其他分子的混合物会被分解，产生更为复杂的生成物。美拉德反应会产生挥发性美拉德反应化合物（芳香成分）、带有苦味的含氮化合物（生物碱）和晚期糖基化终末产物[2]。

脂质、蔗糖和氨基酸等成分，可以说是咖啡烘焙后醇厚感的来源。正因为生豆富含这些成分，才能形成香气、甜味、醇厚感，拥有复杂的风味。另外，咖啡因、多糖、蛋白质和矿物质等成分不会因烘焙而发生变化。

经过加热，滚筒内生豆的纤维膨胀，生豆中的二氧化碳释放出来，引起"一爆[3]"（噼啪声）。继续增加热量，生豆会释放出更多的二氧化碳，引起"二爆"，从这时开始，烘焙进展迅速。在烘焙过程中，通过调整火力、排风[4]操作和烘焙时间这三点，以产生最佳风味，这也是提高烘焙技能的关键所在。

---

1 松饼金棕色的外表和炸猪排的棕色外壳都是由美拉德反应形成的。咖啡生豆在烘焙过程中也会发生美拉德反应，产生褐色色素等。
2 冈希太郎 /《咖啡处方》（コーヒーの处方笺）/ 医药经济社 /2008/p.69
3 咖啡豆的温度超过 100℃ 时，水分蒸发加快，豆子变干。随着温度进一步上升，豆子内部产生二氧化碳，并从豆子表面形成的气泡中释放出来，此时产生的噼啪声，被称为"爆"。
4 风门打开，就会带走烘豆机内的热量和咖啡豆本身的热量，还能排出豆子释放的二氧化碳，也会排出烘焙过程中产生的烟雾。排风操作对风味有很大影响。

烘焙至法式或意式的深度，会使细胞壁破裂，被困在蜂巢孔中的脂质开始通过裂缝流到咖啡豆的表面。豆子膨胀，使其体积增加，密度下降，导致其更容易破损。

小型烘豆机的构造与种类

　　小型烘豆机主要利用燃气（或煤炭、电等）作为热源，从底部加热旋转滚筒里的生豆，能够（根据气压计）调节火力，并且有叫作"风门"的调节阀，可以排出滚筒内的空气，包括二氧化碳，以及烘焙过程中产生的烟雾。此外，其上还有烘焙温度计和排风温度计，便于调整烘焙的进度。在大多数情况下，排烟管道安装在室外。由于排烟可能干

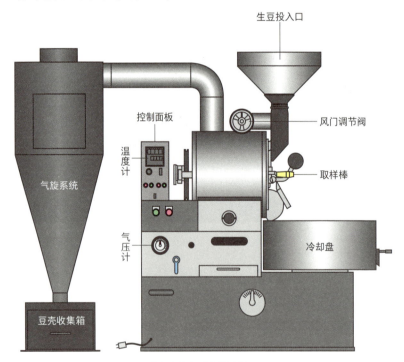

富士皇家 5 千克烘豆机

图 3.1　小型烘豆机的构造

扰邻居，安装各种消烟装置的情况越来越常见（例如使用特殊粉末吸收烟雾颗粒的烟雾过滤器、用高温燃烧烟雾的后燃机、电气集尘器等）。不过，即便如此，烟雾也无法被完全消除。

小型烘豆机容量通常为1千克、3千克、5千克、10千克，中型烘豆机容量约为20—30千克。大多数家庭烘焙店使用3千克或5千克容量的烘豆机，但如果每月生豆烘焙量在500—1000千克，甚至更高，多数人会安装10千克以上的第二台烘豆机。较为常见的是在滚筒上打了小孔的直火式烘豆机，以及筒身不开孔的半热风式烘豆机。此外，也有能对烘焙过程进行编程的全自动烘豆机（由日本第一电通株式会社生产，热源为电）等。

图 3.2　各种小型烘豆机

了解烘焙曲线

咖啡烘焙时，我们需要调动五感（味觉、触觉、视觉、嗅觉、听觉），用视觉查看烘焙过程中豆子的颜色，用嗅觉闻气味，用听觉听爆声，将感受综合起来，做出判断。

我曾使用过没有测量仪表的老式烘豆机，我认为在烘焙过程中，

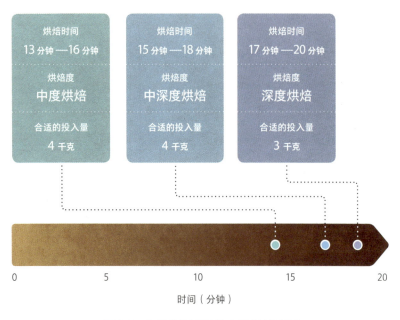

图 3.3　5 千克烘豆机的大致烘焙时间

决定投入生豆时的温度，然后调整火力，使烘焙在约18分钟内完成。通常，在纤维变软、二氧化碳从蜂巢孔中释放出来的时候，要降低火力，使豆子内外的烘焙状态均匀。

最终还是要依靠人的感觉。不过，如今的小型烘豆机都配备了温度计、气压计等，有些机器还可以控制滚筒转数。此外，可以用电脑连接烘豆机来记录曲线（烘焙过程）的软件也被开发出来。以烘焙曲线和人的感官判断为参考进行烘焙的方法正在普及。

下图是一个粗略的烘焙曲线。烘焙曲线会因生豆的含水量、燃烧器的火力、环境温度等因素而发生变化，所以我们需要一边检查风味，一边绘制出更好的烘焙曲线。一般来说，烘焙的过程可以分为以下几个阶段：①去除（蒸发）生豆的水分；②因美拉德反应而使成分发生化学反应；③生豆内部积累二氧化碳导致一爆；④一爆结束，二爆开始前；⑤二爆；⑥完成。以每分钟为单位，检查温度上升率，绘成更好的烘焙曲线。

根据烘焙时间的不同，有短时间烘焙、长时间烘焙、低温烘焙、高温烘焙等术语。

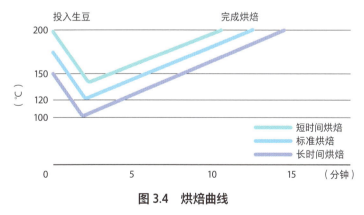

图 3.4　烘焙曲线

大致上，投入生豆后，温度下降到100℃的回温点，再从该点上升到160℃的美拉德反应点，在180℃发生一爆，在200℃发生二爆（城市烘焙），然后温度上升到204—205℃（法式烘焙）。

学习烘焙方法

烘焙曲线会因各种因素而改变，必须了解这些因素，并具备修正烘焙过程的技巧。我为开咖啡店的人确认烘豆机安装状态的安全性，并教授初学者操作方法，同时检查了日本各地不同安装条件下的烘豆机烘出的豆子风味，对机器进行初始设置（表 3.1 ①至④的操作）。在设置时，判断烘焙结果是否表现出生豆的风味潜能，并且编写手册。对新手来说，这项设置是很困难的，自行设置最终会导致操作混乱。

以这本基本手册为基础，通过烘焙各种生豆，掌握属于自己的烘焙方法，技能就会很快提高。

表 3.1　烘焙的基本要素

❶ 投入生豆时滚筒内温度
❷ 基于烘豆机容量，不同烘焙程度对应的生豆投入量
❸ 初始火力设定和烘焙过程中的火力调节
❹ 排风控制
❺ 滚筒转速的调整（如果可能的话）

表 3.2　导致风味变化的因素[1]

❶ 生产地	风味因生产地区、海拔高度等不同而异
❷ 品种	豆质的差异
❸ 生豆处理	不同的处理方法产生不同的风味
❹ 到港月份	生豆成分随时间的推移而变化
❺ 生豆的水分含量	受外界空气的影响

1　烘焙有许多变数，掌握烘焙技能需要多年的经验。如表 3.2 所示，风味因生豆的特性而异。烘焙过程必须建立在对这一点的理解之上。

了解风味随烘焙程度而变化

大型烘豆商会通过比色计上的 L 值（表示色彩的明度）来决定结束烘焙的时间点，例如中度烘焙的 L 值为 22，城市烘焙的 L 值为 19，法式烘焙的 L 值为 17，等等。然而，高质量豆子的基本成分含量与普通商业豆的不同，仅通过颜色来判断何时结束烘焙，可能会导致烘焙程度有误差。例如，含糖量高的咖啡，如肯尼亚产的咖啡，烘焙颜色往往更深。

咖啡的风味因烘焙程度不同而有很大差异。我为了寻找"即便经过深度烘焙也没有焦味或烟熏味的柔和风味"而开始了我的事业。在中度烘焙占据 90% 以上市场份额的当时，先向消费者推广城市烘焙，进而推广法式烘焙。

表 3.3 是使用富士皇家 1 千克烘豆机时的参数。投入生豆时的温度为 160℃，在火力和排风保持不变的情况下，烘焙时间在 7 分 46 秒到 8 分钟之间，误差最多为 15 秒。

表 3.3　各生产国的精品咖啡中度烘焙的失重率与 L 值（1 千克烘豆机）

生产国	烘焙时间	失重率（%）	比色计L值	感官评估
肯尼亚	7分46秒	11.6	20.6	柠檬、杏子酱
秘鲁	7分57秒	12.6	21.2	明亮的柑橘的酸
危地马拉	8分	12.8	21.0	橙子、夏天的蜜橘
洪都拉斯	8分	14.0	21.1	略带青草的香气
哥伦比亚	8分	12.8	21.4	蜜橘、李子

※ 烘焙结束后，咖啡豆的失重率（缩水率）也是判断烘焙程度是否恰当的一个标志。中度烘焙的失重率约为 12%—13%，城市烘焙的失重率为 16% 左右，法式烘焙的失重率为 18%。

基本烘焙的初始设置

使用富士皇家 5 千克烘豆机烘焙 3 千克生豆时的初始设置。以这些设置为基础，之后逐步根据成品风味特征对烘焙方法进行微调。

1 设置初始火力，风门（风量调节阀）接近关闭，在烘焙温度[1]160 ℃、排气温度180 ℃时放入生豆。在大约2分钟内，温度下降到100 ℃。

要点 | 初始火力和入豆温度的设置会影响风味。如果入豆后，温度下降过多，则说明滚筒温度不够或入豆温度太低。

2 从回温点开始，每分钟检查一次升温情况。在这个阶段，豆子将会逐渐蒸发11%左右的水分。

要点 | 如果温度上升过快，烘焙时间就会过短。需要观察生豆的颜色变化。

3 在160 ℃左右，生豆中的蔗糖会因焦糖化而形成芳香成分，随后发生美拉德反应，产生美拉德反应化合物。

要点 | 绿原酸也会发生反应，生成褐色色素。检查是否有烘焙产生的甘香。

4 放入生豆约10分钟后，膳食纤维会膨胀，形成多孔结构，二氧化碳在多孔结构内部积累。在大约180 ℃时，豆子内部产生的二氧化碳破坏豆子的外壳，发出"噼啪噼啪"声，也就是一爆，并产生烟雾。

要点 | 转小火力，打开风门，利用滚筒内的气流，去除烘焙后半段产生的烟雾和脱落的豆壳。

1　烘焙温度是滚筒内的温度，而不是豆子的温度，所以只是一个大概值。当滚筒还没热起来时，温度计的温度没有参考价值。大约从第三次烘焙开始，温度就稳定了。

5 从一爆进行中到一爆结束，或马上要结束前的这个时间范围是中度烘焙的阶段。

> **要点｜** 降低温度上升率。一爆后温度上升率增加会产生杂味。

6 在二爆之前，用取样勺抽选滚筒内的豆子，密切检查烘焙状态和烟雾情况。

> **要点｜** 中度烘焙和中度微深烘焙的香气与风味差别很大，一定要记住味道发生转变的点。

7 温度到达约200 ℃时，有较小的"噼噼啪啪"声发出，二爆开始。从此时开始进入深度烘焙阶段。

> **要点｜** 如果在该阶段立即取出豆子，则为城市烘焙。

8 二爆之后的烘焙进展极为迅速。一秒钟的误差就会影响风味，因此需要设定能够维持烘焙的最低火力，排烟也很重要。用取样勺取出烘焙豆，看颜色，听爆音，闻味道，以确认烘焙状态，打开冷却盘的搅拌器，取出烘焙完成的豆子。

> **要点｜** 从这里开始，进入深度城市烘焙、法式烘焙和意式烘焙的细腻深烘世界。即使从烘豆机中取出豆子，余热也会让烘焙继续进行，所以计算出炉时间时要考虑到这一点。如果烘焙得当，仅一小部分豆子渗出油的时候，就是进入法式烘焙的时间点。

烘焙的 8 个阶段

在日本，一般将烘焙分为 8 个阶段。

轻度烘焙

浅烘，有残留的谷物气味。种子、麦芽、草、玉米的风味。

pH值	未知	
L值	未知	成品转化率 未知

中度烘焙

从一爆开始延续至一爆结束。是进行杯测时采用的烘焙度，能够很好地平衡酸度、甜味和醇厚感，并呈现出产地的风味特征。柑橘风味。

pH值	4.8—5	
L值	高于22.2	成品转化率87%—88%

肉桂烘焙

比中度烘焙浅一点儿的浅烘。柠檬般强烈的酸，带有坚果与香料的感觉。

pH值	低于4.8	
L值	高于25	成品转化率88%—89%

**中度
微深烘焙**

从中度烘焙结束到二爆开始之前。轻微的酸度，出现明显的醇厚感。蜂蜜、李子、吐司的风味。

pH值	5.1—5.3	
L值	19.7	成品转化率 85%—87%

※ L值：表示色彩的明度，范围是0—100。0是黑色，100是白色，数值越大代表颜色越明亮。豆子的L值可能受豆子颗粒大小、死豆等的影响。使用分光色差仪SA4000（日本电色工业制造）测量。

※ 成品转化率：最终获得的烘焙豆与投入的生豆的比例。如果把它作为生产率和效率的指标，中度烘焙比法式烘焙具有更高的生产率。

城市烘焙

从二爆刚开始时，进入深度烘焙的范围。柔和的酸度和扎实的醇厚感。香草、焦糖的风味。

pH值	5.3—5.4	
L值	19.2	成品转化率83%—85%

法式烘焙

从二爆的顶峰开始到二爆结束前的烘焙。呈深巧克力色，豆子表面有极少量的油脂浮出。鲜明的苦味，黑巧克力的风味。

pH值	5.6—5.7	
L值	17.2	成品转化率80%—82%

深度城市烘焙

到达二爆顶峰前后，与法式烘焙很难区别。焦糖巧克力的风味。

pH值	5.5—5.6	
L值	18.2	成品转化率82%—83%

意式烘焙

比法式烘焙程度更深，有淡淡的焦味，醇厚感下降。

pH值	5.7—5.8	
L值	16.2	成品转化率80%

了解每个生产国的
生豆适合的烘焙程度

　　适合什么样的烘焙程度取决于生豆的潜能。如果种植区位于（赤道附近的）高海拔地区，生豆的总脂质和总酸量高，体积密度[1]大，那么即使经过深度烘焙，也能保持其风味。对这样的豆子可以进行从中度烘焙到法式烘焙的范围广泛的烘焙。不过，即使来自高海拔产地，铁皮卡种和帕卡马拉种生豆由于纤维质柔软，也仅适合中度烘焙到城市烘焙。烘豆师需要通过品鉴来进行区分。接触大量的生豆，试验不同的烘焙度，就可以积累经验，做出判断。

　　一般来说，在中度烘焙时，pH值低于5、酸度高、总脂质含量大于16%、豆质坚硬的豆子，往往在深度烘焙后，不易产生风味上的偏差（产生焦煳、烟味、杂味等）。不过，这仅限于高质量的豆子。许多普通商业豆由于酸度低、脂质含量低，其风味在经过深度烘焙后很容易变得模糊不清。此外，在脂质变质较多、杂味增加的情况下，豆子适合的烘焙范围就会变小。

　　根据生豆的特性，可以进行各种不同程度的烘焙。表3.4粗略说明了精品咖啡豆可烘焙的范围。目前，市场上有很多豆子来自海拔2000米以上的产地。豆质较硬的生豆，例如来自哥伦比亚纳里尼奥省的小

1　指每单位体积的重量，这是一个表示生豆硬度的指标。产自高原、完全成熟的咖啡果实制成的生豆的体积密度可能会更高。咖啡豆的体积密度高，意味着在中度烘焙时，其表面不容易起皱。

农户的豆子和来自哥斯达黎加的微型磨坊的豆子，风味也比较复杂。它们使用真空包装，用冷藏集装箱进口，到达港口时非常新鲜。特别是在哥斯达黎加高海拔的塔拉珠地区，那里的微型磨坊生产的咖啡脂质含量高，如果按照平常的烘焙曲线进行烘焙，就无法充分激发生豆的潜能，呈现不出恰当的风味。因此，很考验烘豆师的品鉴能力和烘焙技巧。

表 3.4　精品豆和商业豆通常可烘焙的范围

到港 3 个月内，pH 值为咖啡豆经中度烘焙后的数值

◎最适合　○适合　△比较适合　×不适合

	生产国/地区	分类（地区/品种）	脂质含量	pH值	中度烘焙	中度微深烘焙	城市烘焙	法式烘焙
精品豆	肯尼亚	基里尼亚加	17.1	4.75	○	◎	◎	○
	哥伦比亚	纳里尼奥	18.5	4.85	△	○	◎	◎
	哥斯达黎加	塔拉珠	18	4.85	△	○	◎	◎
	危地马拉	安提瓜	17.3	4.9	○	○	◎	△
	印度尼西亚	苏门答腊岛	16.7	4.9	○	◎	○	◎
	埃塞俄比亚	耶加雪菲	17.5	4.95	○	◎	○	△
	巴拿马	瑰夏种	17	4.9	◎	◎	△	×
	萨尔瓦多	帕卡马拉种	16.6	4.95	○	◎	△	×
	夏威夷	科纳	17.2	4.9	△	◎	△	×
	巴西	塞拉多	17.6	5.1	○	◎	○	×
商用豆	肯尼亚	AA	16.4	4.95	○	○	△	×
	哥伦比亚	Supremo	16.8	5.05	○	○	△	×
	巴西	No2	17.2	5.15	○	○	△	×

注：本表并不适用于相关产地的所有生豆，并且数值和可烘焙的范围会因品种、批次（如生产时期等）、包装材料、到港后经过的月份数等因素不同而有所不同。需要通过样本豆烘焙来确定适合的烘焙程度。

用电子舌分析烘焙豆

电子舌作为味觉成分（呈现食品味道的成分）的定量分析设备，以及替代感官评估的味觉识别设备，被应用于包括咖啡制造业在内的食品工业。

电子舌通过5个传感器（酸味、苦味、鲜味、咸味、涩味传感器）将前味、后味的总共8种味道（前味＝酸味、苦味杂味、鲜味、咸味、涩味的刺激、后味＝鲜味的醇厚感、苦味、涩味）图表化。

就咖啡而言，酸味传感器检测的是有机酸，苦味传感器检测的是苦味物质，但无法检测到咖啡因。鲜味传感器检测谷氨酸等氨基酸。涩味传感器可以检测到儿茶素等。

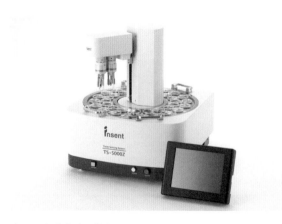

电子舌，智能传感器技术

将 10 克咖啡粉和搅拌子放在一个 200 毫升的烧杯中，注入 130 毫升 93℃的热水，用搅拌器搅拌 3 分钟，用纸过滤后，用电子舌对滤液进行分析。中度烘焙、城市烘焙、法式烘焙这三种不同烘焙程度下的危地马拉咖啡豆，经过电子舌分析的结果如图 3.5 所示。电子舌可以对样本进行数值上的比较，可以评估味道的强度，但难以评估味道的质量，也无法检测出香气。

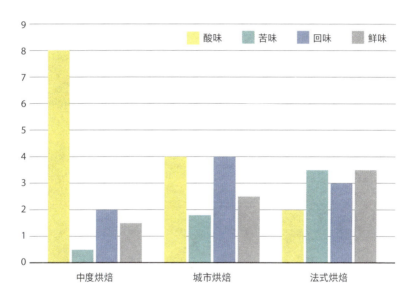

图 3.5　用电子舌分析不同烘焙程度的咖啡豆

酸度：中度烘焙咖啡豆 > 城市烘焙咖啡豆 > 法式烘焙咖啡豆。可以看出中度烘焙咖啡豆以酸味为主。

苦味：法式烘焙咖啡豆 > 城市烘焙咖啡豆 > 中度烘焙咖啡豆。可以看出法式烘焙咖啡豆以苦味为主。

鲜味：法式烘焙咖啡豆 > 城市烘焙咖啡豆 > 中度烘焙咖啡豆。烘焙程度越深，鲜味越明显。

回味：城市烘焙咖啡豆 > 法式烘焙咖啡豆 > 中度烘焙咖啡豆。该样本的城市烘焙咖啡豆，能泡出兼具酸度与甘甜回味的咖啡。

了解生豆的最佳品尝期

在运输过程中，生豆的成分会发生变化。让其成分变化程度最小的方法是使用真空包装袋（10 千克至 35 千克）包装，用冷藏集装箱运输（15℃），在温控仓库中储存（夏季 15℃）。这些做法可以避免生豆的总酸量和总脂质含量大幅降低，脂质的变质（酸价）也不明显。生豆的新鲜度通常可以保持一年之久，风味的损失也很少。

相反，许多普通产品用麻袋包装、干货集装箱运输并储存在常温仓库中。到港时，这些产品总酸量和总脂质含量就已经下降了。之后随着时间的推移，它们会继续下降，生豆的新鲜度难以维持。因此，建议尽快使用到港的生豆。许多生产地没有使用真空包装和冷藏集装箱的条件。在这种情况下，如果能使用谷物专用包装袋（GrainPro 公司生产）包装生豆，并将其储存在恒温仓库中，可以在约一个月内保持生豆的新鲜度。

当然，根据地区、品种等的不同，生豆的状况会有差异，所以必须根据经验进行判断。

从左到右：2019—2020 收获年、2018—2019 收获年，2016—2017 收获年。咖啡与葡萄酒不同，即使保存状态很好，风味也会下降，因此最好在一年内品尝。

了解烘焙豆的最佳品尝期和储存方式

从结束烘焙开始,烘焙豆会释放出二氧化碳和芳香成分。烘焙豆对氧气、光线、温度和湿度都很敏感,应尽可能将烘焙豆放在密封容器中,储存于阴凉处。烘焙豆这样储存3周内没问题。但如果要长期储存,建议将其放入冷冻室(见表3.5)。如果是咖啡粉,建议购买后马上冷冻储存。烘焙豆的含水量约为2%—3%,因此不会冻成一个硬块。取出烘焙豆后立即将其磨成粉,直接萃取即可,无须等其恢复至室温。

最佳品尝期(未开封状态下)长于5天的食品必须在包装上标明期限,但生产日期可以不标出。不同公司对于最佳品尝期有各自的标准。家庭烘焙店都按重量销售豆子,因此往往不标明豆子的最佳品尝期。由于不知道烘焙日期,最终消费者只能自行判断豆子的新鲜度。如果豆子新鲜,含有二氧化碳,研磨出的咖啡粉在注入热水后会吸收热水并膨胀。这种状态下的咖啡粉冲泡出的咖啡更适饮,不会给胃带来负担。

咖啡罐

表 3.5　自烘焙日起咖啡的风味变化

肯尼亚基里尼亚加产/城市烘焙/pH值5.3/用25克咖啡粉在2分30秒内萃取240毫升咖啡

从烘焙日起经过的时间	咖啡粉的膨胀	风味	◉ 明显膨胀　　　○ 膨胀
当天	◉	新鲜、轻盈的风味，香气足，有柑橘类的酸，回味甘甜	
3日	◉	轻盈，明亮的酸，口感略微柔和，与烘焙当天的风味差异不大	
7日	◉	轻盈，除了柑橘的酸，还有李子明亮的酸，有醇厚感	
10日	○	仍然新鲜，醇厚感的轮廓变得更加清晰	
14日	○	扎实的风味，焦糖般浓厚的味道	
21日	○	香气略减弱，留有甘甜的巧克力回味（如果经过恰当的烘焙[1]并保持新鲜）	
冷冻[2]1个月	◉	与常温[3]储存7天的风味没有差别，有醇厚感，味道柔和	
冷冻3个月	○	香味稍弱，但依然有轻盈的风味，鲜度状态良好	

注：咖啡的风味随着烘焙后日期的增长而变化。如果将购买到的新鲜烘焙的咖啡放在密封容器中常温储存，那么在购买当天、3日后、1周后、2周后和3周后饮用时，可以感受到风味的细微差别。

1　不是短时间烘焙，而是豆子由内到外都得到均匀的烘焙，没有因烘焙产生过度的苦味或烟味，风味变化缓慢。

2　存放在家用冰箱的冷冻室中，使用镀铝包装袋（带有单向排气阀），拉链封口保存且未开封，取出后立刻磨粉、萃取。

3　200克豆子存放于容器内，置于阴凉处，随用随取时的情况。

NOVO MARK II

Daiichi Denshi
NOVO

容量 1千克以内

热源 热风/电

全自动烘焙机，程序已设定好，即使是初学者也能轻松烘焙，安装地点限制很少。就其价值而言，价格略高。

富士咖啡机
Discovery

容量 250克以内

热源 半热风/直火/燃气

日本制造/作为样本豆烘焙机很方便。

松下
The Roast Expert

容量 50克以内

热源 热风/电

普通家用/作为样本豆烘焙机很方便，可以连接iPhone/iPad（仅限iOS系统）。

图 3.6　容量 1 千克内的小型烘豆机，也可以用于样本豆烘焙

Discovery 是小型烘豆机中型号小的，它作为样本豆烘焙机很受欢迎，在家中使用时也可以连接燃气。NOVO 是全自动的，使用非常方便，用途广泛，但价格较高，主要为商用。松下可以用于样本豆烘焙，也可以供爱好者在家里使用，但只能烘焙 50 克生豆（烘焙后约 44 克），如果符合自己的需求，使用起来也很方便。

享受咖啡烘焙的乐趣

越来越多的人使用手网或小型家用烘豆机进行烘焙。不过，即使出于个人兴趣，为了获得良好的风味，生豆的品质也是最重要的。此外，具备品鉴技能，才能在对烘焙豆进行萃取后判断其质量。因此，即使自己烘豆，也要始终以好店的好豆子为参考标准。

下图中的小型烘豆机可以连接 iPad 或 iPhone 操作，非常便捷，有以下优点：①热源是电；②用手指可以很容易地操作出烘焙曲线；③操作简单；④可以用作样本豆烘焙。不过，也有一些缺点：①只要稍微改变烘焙曲线，风味就会改变；②因此，如果缺乏品鉴技能就难以确定自己的烘焙曲线；③只能烘焙 50 克生豆（烘好后约 44 克）。尽管如此，它还是很容易操作，在 10 分钟内就能完成烘焙，还可以连续烘焙，用起来很方便。

可以创建无限的烘焙曲线，但并不能相应产生无限的风味变化。

尝试使用松下的 The Roast Expert 烘焙危地马拉的帕卡马拉种生豆和中国云南的铁皮卡种生豆（见表 3.6、表 3.7）。

松下的烘豆机 The Roast Expert

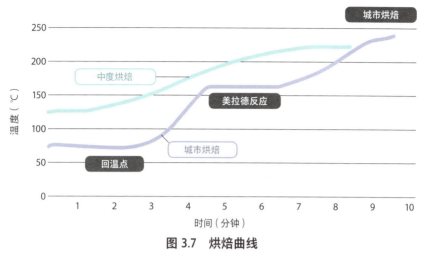

图 3.7 烘焙曲线

这是笔者绘制的烘焙曲线。这台烘豆机的烘焙难以达到法式烘焙的深烘程度，所以笔者绘制了城市烘焙的曲线。它可以进行连续烘焙。

表3.6　危地马拉产/帕卡马拉种/2018—2019收获年/用20克咖啡粉,2分钟萃取240毫升咖啡

烘焙度	pH值	糖度	品鉴	得分
中度	5.1	0.9	有花香，果实的风味	44/50
中度微深	5.2	1.1	橙子和覆盆子，干净而华丽	48/50
城市	5.4	1.2	黑葡萄或西梅干	45/50
法式	5.5	1.2	梅干，苦味变强	40/50

注：帕卡马拉种在中度到城市烘焙的范围内会呈现出华丽的水果风味。

表3.7　中国云南省产/铁皮卡种/2019—2020收获年/用20克咖啡粉,2分钟萃取240毫升咖啡

生豆处理方式	pH值	糖度	品鉴	得分
水洗法	5.4	0.8	是干净的铁皮卡，但酸度、醇厚度较弱	39/50
果肉日晒法	5.4	1	有甘甜的回味，但冷却后有微弱的涩味	38/50
日晒法	5.4	1	良好的日晒处理，但每一杯风味参差	37/50

注：此处铁皮卡种生豆的外观有肥料不足的感觉，尺寸也比较小。它们整体上比其他产地的铁皮卡种酸度低一点儿，其萃取液冷却后有微微的混浊感。不过，云南的铁皮卡种较罕见。表中的分数根据第11课的评估标准得出。

了解最基本的萃取

在过去的 20 年里，生豆品质得到了提高，烘豆机的种类也在增加，咖啡的风味因此变得更加丰富。面对这些重大变化，理想的萃取依然只是"把充分反映生豆品质的烘焙豆所具有的潜能表达出来"。为了呈现多样的风味个性，我觉得有必要重新考量传统的萃取方式，并使之更加灵活。

本书中的萃取主要采用手冲的方式进行。了解咖啡风味的多样性，发现新的美味，完成属于自己的最佳萃取表[1]，这是我们的最终目标（参见第 9 课）。

为了与我们自己的味觉进行比较，便于理解，本书中萃取液的酸度为 pH 计测量取得，萃取液的浓度为糖度计测量取得。

然而，由于测定温度、萃取时的热水温度、咖啡粉的研磨度、咖啡粉距离烘焙日的天数以及萃取方法等因素不同，测量值会有误差，所以测量结果仅供参考。

1　对不同粉量与萃取时间的组合产生的风味进行感官评估，并将 pH 值和糖度进行比较制成的表格。据此可以找到自己的喜好。

※　pH 值相差 1，味觉上会有 10 倍的差别，所以 pH 值为 4.8 的肯尼亚产咖啡豆与 pH 值为 5.1 的巴西产咖啡豆的酸度强弱差别可以从感官上区分出来。

※　糖度是基于蔗糖水溶液的折射率比水的折射率大这一原理得出的数值，表示溶液中所含固体物质溶解的总量的一个浓度单位。咖啡萃取液中溶解了部分多糖（水溶性植物纤维）以及许多其他物质。

※　萃取液在 25℃ ±2℃下测量三次。

※　样本使用到港后 3 个月内的生豆烘焙而成。

※　所有精品咖啡豆都有明确的生产历史，但本书中仅列出生产国或地区。

※　从第 4 课开始，若无另外说明，萃取都是在 93℃ ±2℃下进行。

表 4.1 萃取参考值

烘焙度	L值	pH值	糖度		
			滤纸手冲	法式压滤壶	意式浓缩
中度	22.2	4.8—5.0	1.7	1.5	
中度微深	20.2	5.1—5.2	1.6	1.5	
城市	19.2	5.3—5.4	1.5	1.5	
深度城市	18.2	5.5—5.6	1.5	1.5	11.0
法式	17.2	5.6—5.7	1.4	1.5	

注：表格显示了分别以滤纸手冲和法式压滤壶用 25 克咖啡粉 3 分钟萃取 240 毫升咖啡的数值，以及通过意式浓缩的方法用 20 克咖啡粉 25 秒萃取 40 毫升咖啡的数值。L 值由分光色差仪 SA4000（日本电色工业制造）测量得出。

滤纸手冲　　　　　　　　法式压滤壶　　　　　　　　意式浓缩

左图为 pH 计（ISFETCOM 公司生产的离子敏感场效应晶体管便携式 pH 计），右图为糖度计（ATAGO 公司生产的数字糖度计）。

咖啡风味根据研磨度、粉量、热水温度、萃取时间和萃取量而变化

咖啡的萃取是"用85—95℃的热水注入或浸泡研磨好的咖啡粉，以溶解、浸出咖啡中的实际成分，制成适合饮用的萃取液的过程"。人们开发了各种各样日常使用的萃取工具。

咖啡的风味受以下因素影响：①咖啡粉的研磨度；②粉量；③热水的温度；④萃取时间；⑤萃取量。如果"研磨度细、粉量多、热水温度高、萃取时间长、萃取量少"，成分的溶解度就高，液体的糖度（每100克溶液中溶解溶质的克数）也会高，最终产生的是具有浓缩感的风味。

因此，在萃取过程中，什么样的研磨度、粉量、热水温度、萃取时间和萃取量能够呈现出恰当的风味，以及这些要素之间的相互关系，是我们需要了解的基本知识中的基本。

在书上常常可以看到这样的描述："做两人份的咖啡，中等研磨25克咖啡粉，用85℃热水，2分钟萃取260毫升的咖啡。"这是否正确呢？

做两人份的咖啡时，为什么不能用20克咖啡粉萃取300毫升呢？不能用95℃的热水和30克咖啡粉进行萃取吗？萃取的基本知识，就是从质疑这些看似理所当然的说法开始构成的。

图4.1显示了在相同研磨度、萃取时间和热水温度下，粉量与咖啡液萃取量之间的平衡关系。假设蓝线是标准风味，蓝线以上是浓度更高的范围，蓝线以下是浓度更低的范围。

图4.2显示，萃取时间越长（或粉量越多、研磨度越细），糖度越高，也就意味着咖啡液的浓度越高。

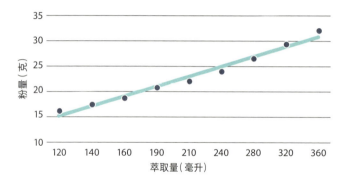

图 4.1 粉量与萃取量之间的关系

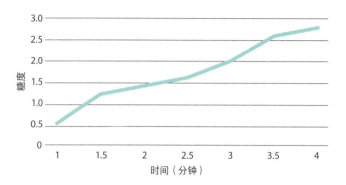

图 4.2 萃取液浓度与萃取时间的关系

▎了解过滤式与浸泡式的区别

咖啡的风味不仅随烘焙度、咖啡粉研磨度、粉量、萃取时间和热水温度的变化而变化，不同萃取方式和工具的使用也会给咖啡的风味带来很大的改变。萃取方式大致可以分为三类：过滤式、浸泡式和意式浓缩（见第 85 页）。

过滤式，也被称为滴滤式，包括滤纸滴滤和法兰绒滴滤等。简单来说，滴滤式是"间歇地用少量热水注入（或闷蒸）咖啡粉，将咖啡的成分溶解、浸出、过滤出的萃取方式"。

这一方式被咖啡厅和家庭广泛使用。2010 年以来，滤纸滴滤也引起了美国咖啡师的兴趣，并得到推广。此外，不使用纸张，而使用不锈钢等金属过滤器的趋势也在增长。各种相关比赛[1] 在日本及其他国家或地区举行。

本章中的过滤式有两种，一种是注入少量热水后闷蒸 20—30 秒后再继续注水，另一种是点滴式地注入少量热水。

采用浸泡式的典型代表是法式压滤壶和虹吸壶，是"将咖啡粉完全浸泡在热水中萃取出成分的方法"。法式压滤壶的操作简单，2000 年开始在日本普及。2010 年以后，虹吸壶虽然重新得到关注（在 1990 年以前的咖啡店全盛时期，很多咖啡店使用虹吸壶），但在普通家庭里很

1　在日本，日本精品咖啡协会组织日本手冲咖啡锦标赛、日本虹吸咖啡锦标赛和日本咖啡冲煮大赛等比赛。

少见，因此在本书中略去。

生豆在被烘焙时，水分蒸发，细胞组织会收缩，但进一步加热会使内部膨胀，形成蜂巢状结构（多孔结构，见下图）。

此时，咖啡的成分附着在蜂巢孔的内壁上，封住了二氧化碳。在法式烘焙下，蜂巢孔的尺寸约为 0.09 毫米。咖啡被研磨后，蜂巢孔仍可能会保留在咖啡粉末中。但研磨得越细，蜂巢孔越容易破裂。一旦其中的二氧化碳被释放，咖啡成分接触空气后就容易被氧化。用热水让蜂巢孔内的碳水化合物（多糖）等成分更容易溶解的步骤，被称为"闷蒸"。

点滴过滤式，是指连续注入少量热水的方式。热水逐渐渗透到粉末层，溶解咖啡成分，然后溶解了咖啡成分的热水继续渗透到下一粉末层中，进一步溶解咖啡成分。萃取这样间歇性地进行，最终得到浓缩的萃取液。

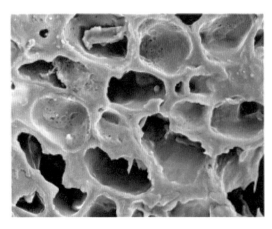

多孔结构（电子显微镜下的形态）。蜂巢孔中充满了二氧化碳，可溶物被封在其中。

主要的萃取方式

闷蒸过滤式

手法 ｜ 注入热水，闷蒸20—30秒，然后注入更多热水

萃取工具 ｜ 滤纸、过滤杯

点滴过滤式

手法 ｜ 点滴式、间歇地注入少量热水

萃取工具 ｜ 滤纸、过滤杯、法兰绒滤网

浸泡式

手法 ｜ 咖啡粉与热水持续接触

萃取工具 ｜ 法式压滤壶、虹吸壶

意式浓缩

手法 ｜ 用7克咖啡粉在30秒内萃取出30毫升咖啡

萃取工具 ｜ 意式浓缩咖啡机

危地马拉的安提瓜产 / 水洗处理 / 城市烘焙 /pH 值 5.4

使用 25 克咖啡粉,用 2 分 30 秒萃取
240 毫升咖啡,用电子舌测量

滤纸滴滤 ━━━
法兰绒滴滤 ━━━
法式压滤壶 ━━━

以用滤纸滴滤的数值为基
准,即用滤纸滴滤出的咖啡
酸度、醇厚度、苦味、鲜味、
回味为 0。用法兰绒萃取时,
咖啡的酸度较低,苦味柔和,
有醇厚感和回味;在用法式
压滤壶萃取的过程中,咖啡
粉刚与热水接触时苦味低,
但浸泡 4 分钟后苦味增加。

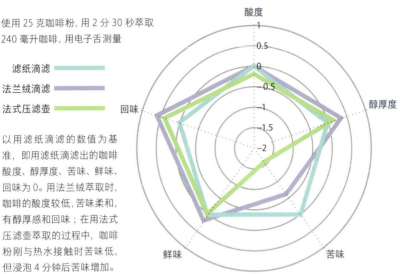

图 4.3　不同萃取方式的味觉差异

滤纸滴滤

优点 可以冲出自己喜欢的
味道,清洁方便

不足 萃取难度高,风味
变化大

法兰绒滴滤

优点 可以冲出柔滑、有
醇厚感的咖啡

不足 萃取不稳定,滤布
需要储存在水中,
维护保养麻烦

法式压滤壶

优点 只要确定好萃取条
件,就能轻易完成

不足 微粉会让萃取液变
得混浊,清洗工具
很费时间

图 4.4　萃取工具的优点与不足

本章使用的基本萃取工具

○表示必备工具，△表示如果有的话很方便

萃取出好喝的咖啡，离不开萃取工具。这里整理了萃取所需的各种工具。

滤杯 必要度 ○ 有锥形和梯形两种样式	**滤纸** 必要度 ○ 使用各个制造商推荐的滤纸

| **滤杯**
 必要度 ○
 使用滤纸滴滤时必备 | **咖啡量勺**
 必要度 △
 可以用普通勺子替代 |

| **重量秤**
 必要度 ○
 为了测量正确的萃取量 | **计时器**
 必要度 ○
 为了测量正确的萃取量 |

| **金属滤网**
 必要度 △
 不需要滤纸，但微粉容易落入萃取液 | **玻璃分享壶**
 必要度 △
 方便看到萃取量。也可用烧杯替代 |

| **烧水壶**
 必要度 ○
 T-fal等品牌的烧水壶很方便（有的自带温度计） | **温度计**
 必要度 △
 如果有的话，更方便 |

| **磨豆机**
 必要度 ○
 尽可能配备 | **法式压滤壶**
 必要度 △
 滤纸滴滤以外的萃取工具 |

根据萃取方式，选择合适的手冲壶

萃取咖啡需要选择与萃取方式相适应的手冲壶。

将烧水壶中的热水（约98℃）倒入手冲壶这一转移过程会让热水温度降到95—96℃。至刚开始与咖啡粉接触时，其温度约为93—95℃。

此时，如果盖上壶盖，水温就不易下降；如果不盖壶盖，在进行萃取的2—3分钟内，水温会有所下降。

对于2人份的萃取，可以选择容量700毫升左右的手冲壶。这样的手冲壶易于拿取，使用时需注入400—500毫升热水。如果萃取量为3人份以上，可以加入更多的热水。手冲壶仅用于萃取，不应直接放在火上加热。

细嘴型（注水口长）

这是目前比较常见的类型，适用于闷蒸30秒后分次注水的萃取方式。细嘴型手冲壶虽然易于从咖啡粉中心向外注水，但由于热水略呈抛物线状，操作时也很容易偏离目标点。其中，领豪等款式也适用点滴型手冲壶的萃取方式。

Kalita

HARIO

领豪

点滴型手冲壶可以一滴一滴地注水。

点滴型

根部粗、顶部细的类型，适合一滴一滴注入热水，或将 10 毫升左右的热水注入目标点的萃取方式。我以前用的是 Yukiwa 的手冲壶，壶嘴像舌头一样弯曲，后来使用的是 Kalita 的铜壶（700 毫升）等。

避免使用容量超过 1000 毫升的壶，因为它们很重，会给肘部带来负担。

Kalita

Yukiwa

月兔印

磨豆机的性能对风味有很大影响

　　由于不能直接从烘焙豆中萃取出足够的成分，需要先将烘焙豆磨成粉后，再进行萃取，因此需要准备一台磨豆机。虽然咖啡粉也可以从店里买到，但使用新鲜烘焙的咖啡豆自己研磨咖啡粉，能够更深入地体验咖啡的风味。

　　除了家庭使用的手动磨豆机和电动磨豆机，还有商业使用的电动磨豆机。好的磨豆机能够均匀地研磨从中度烘焙到深度烘焙的咖啡豆，而且微粉（小于0.1毫米的粉末）很少。研磨装置的结构各不相同，其性能会影响咖啡风味。

　　需手动旋转手柄的手摇磨豆机，可以轻松调整研磨度的大小。虽然用手摇磨豆机需要更多的研磨时间，但它们被设计成各种样式，作为装饰也很好看。转动手摇磨豆机的手柄需要很大的力气，所以机身重一些更便于用手固定，手柄更容易转起来。老式磨豆机（见下图）也很受欢迎。

　　对磨豆机的性能要求包括均匀研磨、研磨出的微粉少、耐用。虽然微粉对咖啡的味道略有损害，但本书并没有特别记录有关去除微粉

老式磨豆机

的内容。如果非常在意微粉，可以使用茶滤等去除。我曾在研讨会上请 30 个人盲品去除微粉和未去微粉的咖啡，问他们更喜欢哪一种，结果是五五开。

主要的手摇磨豆机

KONO

可以轻松研磨，性能很高，但20年前就已经停产。

Porlex

陶瓷磨芯，可以拆卸清洗。携带方便。

HARIO

有多款磨豆机。日本制造，具有稳定性。

标致

历史悠久的制造商，在生产汽车之前就生产磨豆机了。价格略高，但性能可靠。

Kalita

日本制造，长期以来一直生产各种磨豆机，稳定性高。

Zassenhaus

价格略高，性能稳定，但20年前就已经停产。

如何选择多种多样的电动磨豆机

螺旋桨式电动磨豆机通过旋转刀片来粉碎豆子，价格便宜，但无法调整研磨度。要想磨得均匀，需要在研磨中途打开盖子查看，一边摇晃磨豆机一边研磨，而且往往会产生很多微粉。

平刀式电动磨豆机被广泛应用于家庭和商业，它具有一个固定刀盘和一个旋转刀盘，研磨需通过调整两块刀盘之间的距离进行。这种电动磨豆机可以调整咖啡粉颗粒的大小，所以其在家庭中的使用频率也在增加。

好的磨豆机能够均匀研磨。平刀式电动磨豆机能够调整研磨度大小，所以在选择时，可以从价格和设计的角度考虑。不过，无论用哪种类型的磨豆机研磨，咖啡粉的粒度都会有一定程度的参差。磨豆机固然重要，但无须因对其过于在意而忽略豆子的品质。只要不是大量、持续地研磨，摩擦热就不是问题。

需要注意的是：①磨好的咖啡粉要尽快使用；②不要磨得太细。太细会增大咖啡粉的表面积，从而导致萃取时间延长，萃取液过浓。

我主要使用的电动磨豆机

Kalita
CM-50

螺旋桨式，难以确定研磨度，需要中途检查。建议边摇边用，确定使用机器的秒数。

德龙
KG-364J

相对较细的颗粒。如果使用滤纸滴滤，可以选择较粗的研磨度。在大学实验室中使用。

HARIO
EVC-8B

1万日元左右，便宜的价格很有吸引力。适合家庭使用。

Kalita
Nice Cut G

经典小型磨豆机Nice Cut Mill的升级款。Kalita的磨豆机款式有所增加。

富士皇家
Mirukko

就这一尺寸的磨豆机而言，其性能良好且耐用。可以满足小型咖啡馆使用。

KitchenAid
KGC 0702

每天早上在家做咖啡时使用，非常稳定。

富士皇家
R-440

在研究所的研讨会上使用。以前常在咖啡店看到。商用机。

Ditting
KR-804

研磨程度从中等到极细。风味偏浓。可以用于咖啡店、销售咖啡粉的烘焙店。商用机。

各种各样的滤杯

要回答手冲咖啡是否有"正确的方法"，并不容易。

咖啡虽然是一种嗜好品，但如果"只要每个人自己觉得好喝就可以"，那就不需要这本书了。因此，本书尽量聚焦那些能让更多的人客观地了解"好喝"的萃取技术。

与 10 年前相比，现在有各种各样的滤杯，选择也变得困难了。2010 年以来，Hario 的 V60 滤杯在美国流行，还诞生了"pour over"（从上面注水）这个全新的术语，滤纸滴滤不再只属于日本。YouTube 网站和很多书上有一些非传统的萃取方法，比如一边注水一边搅拌等。

在多样化的萃取方式中，让我们先回归原点，从了解滤杯的性能开始。归根到底，要想把咖啡风味呈现好，激发烘焙豆本身带有的风味潜能是最重要的，其次是萃取的技术，最后才是滤杯性能。也就是说，更重要的因素是注水方式等萃取方法，而不是滤杯的性能。这一课将会介绍各种滤杯的使用技巧。

了解滤杯的性能

　　不同厂家生产的滤杯形态各异，热水通过时过滤的效果略有不同。因此，如果使用同样的冲法，咖啡风味会因滤杯形状不同而产生微妙的差别。最终要在遵循厂家推荐的冲煮方式的基础上，根据每个滤杯的特征，调整自己的萃取方式。

　　滤杯上都有肋柱（导流槽），可以让滤杯与滤纸间空出间隙，形成热水的通道。尽管肋柱的形状和长度各不相同，但由于可以使用不同的萃取方式来控制热水的通过，一般认为注水方式对风味的影响远大于肋柱。不过，无肋柱的滤杯热水通过率很差，不适用于萃取。

　　1990 年开始创业以来，我一直使用 KONO 的圆锥形滤杯。当时主流的滤杯是 Kalita 滤杯或者 Melitta 滤杯，为了做出区别，我使用了 KONO 的滤杯（当时 Hario 的圆锥形滤杯 V60 尚未上市）。现在，在研究所的萃取初级研讨会上，我也使用 Hario 的圆锥形滤杯。

滤杯的性能与糖度值

埃塞俄比亚耶加雪菲产 / 城市烘焙 /pH 值 5.4 / 实验次数 3 次

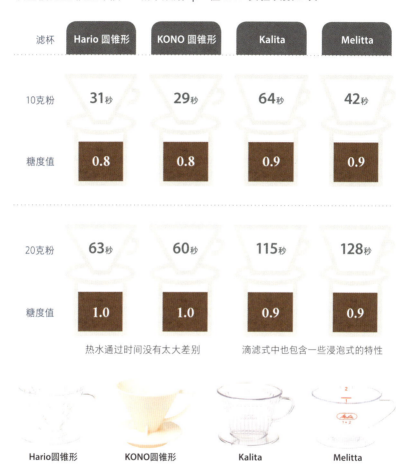

滤杯	Hario 圆锥形	KONO 圆锥形	Kalita	Melitta
10克粉	31秒	29秒	64秒	42秒
糖度值	0.8	0.8	0.9	0.9
20克粉	63秒	60秒	115秒	128秒
糖度值	1.0	1.0	0.9	0.9

热水通过时间没有太大差别　　　　滴滤式中也包含一些浸泡式的特性

Hario圆锥形　　　KONO圆锥形　　　Kalita　　　Melitta

※ 一次性向 10 克咖啡粉注入 150 毫升热水，向 20 克咖啡粉注入 250 毫升热水，分别测量 100 毫升、200 毫升热水的下落速度。秒数有一定误差。圆锥形滤杯的热水下落速度相对较快。因此，为了萃取出一定浓度的咖啡，采用能控制热水注入量的滴滤法更好。

梯形滤杯中的热水聚积后，下落速度变慢。Kalita 滤杯和 Melitta 滤杯中的前 150 毫升热水都以相同的速度下落，但余下的 50 毫升热水下落速度变慢，因此，注水方式应该还有改善空间。此外，热水的下落速度和糖度值也会受咖啡豆烘焙后天数的影响。

适合传统滤杯形状的萃取方式

　　用于滤纸滴滤的滤杯有 Kalita 滤杯、Melitta 滤杯、KONO 圆锥形滤杯、Hario 滤杯等。咖啡店和消费者使用各种不同的滤杯，有各自的萃取方式，因此厂商在萃取方式上发挥的作用往往较小。

　　从各厂商网站主页上摘录出其建议的萃取方式，实际操作后发现，因为各厂商没有给出具体的时间，要实现具有一致性的萃取非常难。这也是为什么大多数咖啡店都按自己习惯的方式进行萃取。由于最终需要自己判断萃取液的风味，掌握客观判断风味的技能就变得很重要。

　　使用各厂商的滤杯，并尽量按照建议的方式进行萃取。咖啡粉均以稍粗的研磨度研磨而成。咖啡风味的质量会因萃取液的浓度不同而有所差异，但只要烘焙豆的品质好，就会获得好喝的咖啡。滤杯的选择往往出于个人偏好，但使用所有滤杯都可以通过调整注水的方式来冲出喜欢的味道。

厂商推荐的
萃取方式

慢慢注入 30 毫升 92℃ 的水，等待 30 秒。第二次注水按 "の" 字的路径绕 3 圈。第三、第四次同样按照 "の" 字形注水。

点评

Kalita 推荐的，是比较常见的整体浸透咖啡粉的方式。滴滤式中包含了一些浸泡式的特性。

埃塞俄比亚耶加雪菲产 / 水洗处理 / 城市烘焙 / pH 值 5.3
用 25 克咖啡粉萃取 240 毫升咖啡

萃取时间 **100** 秒 糖度 **1.3**

柔滑，易于入口。如果萃取 150 秒，会略有醇厚感。

厂商推荐的
萃取方式

滤杯内侧的沟槽设计可以控制热水的流动。闷蒸后，一次性注入所需的热水。咖啡粉量和热水温度可根据个人喜好调整。

点评

一次性注入热水后，热水会聚积，因此这种方式包含了浸泡式的特性。这是最简单的滤纸滴滤方式。

埃塞俄比亚耶加雪菲产 / 水洗处理 / 城市烘焙 / pH 值 5.3
用 25 克咖啡粉萃取 240 毫升咖啡

萃取时间 **90** 秒　糖度 **1.2**

轻盈、微酸。萃取速度比其他滤杯快，因此研磨度可以调整得稍细一点。

厂商推荐的
萃取方式

注入 93℃的水，闷蒸 30 秒，
在 3 分 钟 内 完 成 萃 取。以
10—12 克咖啡粉萃取 120
毫升咖啡为标准。

点评

肋柱被刻成螺旋状，
让热水更易通过。在
美国也被广泛使用。

埃塞俄比亚耶加雪菲产 / 水洗处理 / 城市烘焙 / pH 值 5.3
用 25 克咖啡粉萃取 240 毫升咖啡

萃取时间 **120** 秒 糖度 **1.5**

香气很好，略有醇厚感。

滤杯

4

KONO

圆锥形

埃塞俄比亚耶加雪菲产 / 水洗处理 / 城市烘焙 /pH 值 5.3
用 25 克咖啡粉萃取 240 毫升咖啡

萃取时间 **120** 秒 糖度 **1.5**

可以呈现出浓郁的醇厚感。

厂商推荐的
萃取方式

注入少量热水，约 30 秒后，萃取液开始滴落。将注水区域扩大到约 500 日元硬币大小（直径 26.5 毫米），注入粗一点的水流。萃取液达到所需萃取量的三分之一时，进一步扩大注水区域，并加快注水速度。还需最后三分之一的萃取量时，轻轻在滤杯的边缘注入热水，保持这个状态直到达到目标萃取量。从玻璃壶上小心地取下滤杯，避免浮沫落入咖啡中。

点评

由于肋柱只刻在滤杯的下部，所以通常认为它适用于萃取风味浓郁的咖啡。滤杯的设计者，已故的河野敏夫先生采用的是断断续续地滴入少量热水的方式。运用这种方式需要具备自如地控制注水量的手法。

多种滤杯的研发趋势

除了 KONO、Hario、Kalita、Melitta 的滤杯，原创滤杯的开发同样引人注目。各种滤杯销售的上涨趋势，可以被看作手冲咖啡日益普及的证据。按照厂商的建议测试了各种滤杯后，我得出的结论是：相比滤杯的性能，风味受到热水注入方式和萃取时间的影响更多。所以，不管使用什么滤杯，只要使用得顺手就好。

※ 如无特别说明，所有萃取都使用 93℃ ±2℃的热水，咖啡研磨度略粗，在此基础上按照厂商建议的方式来萃取。

聪明杯浸泡法

向 20 克咖啡粉中注入 250 毫升 95℃热水，搅拌 4 次后浸泡。这样浸泡出的咖啡风味受热水温度、萃取时间的影响较小。与滴滤式相比，这种方式较难让咖啡呈现出浓缩感，但使用方便，萃取也比较稳定。

巴西塞拉多产 / 半水洗法 /
深度城市烘焙 /20 克咖啡粉萃取 250 毫升咖啡
萃取时间 4 分钟 / pH 值 5.7 / 糖度 1.3

Kalita 玻璃制波纹滤杯

先注入 30 毫升热水, 闷蒸 30 秒后, 分 4
次注入 300 毫升热水。虽然滤杯的构造会
使热水聚集, 但其底部的开孔较大, 能让热
水较快地下落, 从而可以冲出轻盈的咖啡。
造型相同的不锈钢制波纹滤杯底部开孔则
比较小, 能冲出浓度高的咖啡。

巴西塞拉多产 / 半水洗法
深度城市烘焙 /20 克咖啡粉萃取 250 毫升
咖啡
萃取时间 110 秒 / pH 值 5.7 / 糖度 1.1

Hario 不锈钢滤杯

先注入 50 毫升热水, 等待 30 秒后, 在 2
分钟内注入 300 毫升热水, 等待萃取液落
下（3 分钟）。除了不需要滤纸, 用这种滤
杯时的萃取方法和需使用滤纸的闷蒸过滤
式一样, 比较方便, 不过萃取液容易混浊。

巴西塞拉多产 / 半水洗法
深度城市烘焙 /20 克咖啡粉萃取 250 毫升
咖啡
萃取时间 160 秒 / pH 值 5.7 / 糖度 1.2

Mountain 瓷滤杯

浅烘豆中度研磨，用 90℃热水萃取 300 毫升咖啡；深烘豆中细度研磨，用 84℃热水萃取 250 毫升咖啡。慢慢注水，等待 35—45 秒。先缓慢萃取出所需萃取量的一半，后半段的萃取可以加快速度。这种滤杯的构造会让水流速度较快。

巴西塞拉多产 / 半水洗法
深度城市烘焙 /20 克咖啡粉萃取 250 毫升咖啡
萃取时间 110 秒 / pH 值 5.7 / 糖度 1.2

LOCA 陶滤杯

用热水冲一下，加入 15 克较粗的咖啡粉，注入热水，闷蒸 30 秒后，在约 3 分钟内萃取出 200—250 毫升咖啡。每次使用滤杯前，都先水洗滤杯，再用热水冲洗。如果滤杯堵塞，萃取速度变慢，可以将滤杯放置于热水中煮沸 10 分钟。

巴西塞拉多产 / 半水洗法
深度城市烘焙 /20 克咖啡粉萃取 250 毫升咖啡
萃取时间 200 秒 / pH 值 5.7 / 糖度 0.9

※ LOCA 陶滤杯的萃取效果会受滤杯使用频率、保存状态的影响，所以 LOCA 陶滤杯和法兰绒滤网一样，需要保养。

▍ 什么是花洒滴滤

花洒滴滤（热水在花洒状容器中流下）在咖啡机上很常见，也被用于商用的单杯萃取咖啡机。这种方式的出发点是减少萃取的不确定性，让萃取更简便。

半自动手冲咖啡机 Seraphim。供排水系统和热水器都设置在台面下。设置程序和参数后进行萃取。

最早使用这种方法的，是铝制的花洒滴滤器（由 Coffee Syphon 公司生产，已不再销售，参见下图）。

把花洒滴滤器装在放好滤纸的圆锥形滤杯上，向滴滤器中央的内圈注入热水。第一滴水滴落后，再向整个滴滤器注水，热水就会像花洒一样落下。

这种工具可以让所有人轻松地冲好咖啡，热水落下的量和速度由小孔控制，设计得非常好。其有 2—4 人份和 10 人份型号的，不过已经不再销售了。我收藏了它 30 年，为了这本书拍摄了照片。

为了让手冲咖啡变得更简单，各种各样的咖啡机诞生了。最近，还出现了内置磨豆机、可以自动萃取的咖啡机。不过，在我接触咖啡的 30 多年里，手冲咖啡仍然是家庭萃取咖啡的主流方法（根据日本精品咖啡协会 2019 年市场调查）。手冲看似麻烦，实则方便、快捷，可以自如地呈现风味。

手冲滴滤咖啡的多样化

2010 年以来，随着各种手冲咖啡大赛[1]的举办，世界各地开始关注意式浓缩以外的萃取方式及其所需工具。意式浓缩在过去一直是主流的萃取方式，越来越多的咖啡师希望找到新的可能性。其中，滤纸滴滤尤其引人瞩目，特别是在美国，"pour over"开始被用于指手冲咖啡。

旧金山的蓝瓶咖啡（2002 年创立）对日本的萃取方法非常感兴趣，开始使用滤纸滴滤和虹吸萃取。随后，仪式咖啡（Ritual Coffee，2005年创立）、四桶咖啡（Four Barrel Coffee，2008 年创立）、视镜咖啡（Sightglass Coffee，2009 年创立）等微型烘焙坊在美国西海岸开拓了全新的市场，萃取方式也从以往仅有的浓缩变得多样化。

与此同时，作为第三波咖啡浪潮的代表品牌，波特兰的树墩城咖啡、芝加哥的知识分子咖啡等烘焙商也在其试点商店推出滤纸滴滤等新的萃取方式，年轻的微型烘焙坊纷纷开始使用 Hario 的滤杯。

1　萃取技术竞赛。使用官方指定的烘焙豆，纯粹以味觉体验为评价标准，考验参赛者是否具备能呈现出咖啡豆魅力的技术、知识和创意。虽然在竞赛中仅限使用滤纸滴滤、法兰绒滴滤、法式压滤壶萃取、爱乐压萃取等手动的萃取方式，但可以使用各种萃取工具。

美国的萃取革命

　　诞生于西雅图的星巴克开设了许多店铺，并于 1996 年进入日本，引发了人们对意式浓缩咖啡的兴趣。进入 21 世纪，世界咖啡师大赛开办，浓缩咖啡机在世界各地的咖啡萃取中占据中心地位。十多年后，第二次萃取革命到来了。

　　芝加哥的知识分子咖啡和波特兰的树墩城咖啡等公司曾一度使用 Hario 的圆锥形滤杯，引发使用滤纸滴滤的热潮。波特兰的微型烘焙坊[1]科瓦，开发了用于手冲咖啡滤壶 Chemex[2] 的圆锥形金属滤杯 KONE。意式浓缩以外的萃取方式流行起来。

　　咖啡师们开始对滴滤式萃取感兴趣，咖啡店的萃取方式也丰富起来。日本的星巴克臻选烘焙工坊店使用手冲咖啡滤壶 Chemex、原创滤杯（单孔陶器滤杯）、花洒滴滤器、虹吸壶等工具进行多样化的咖啡冲煮。以下是我尝试使用不同公司的滤杯进行萃取的过程（116—118页）。

1　店铺内设有小型烘豆机，出售烘焙豆，许多店铺也出售咖啡（主要使用浓缩咖啡机萃取）。它类似日本的家庭烘焙店，但往往侧重于销售商业用途的咖啡，在美国市场中发展迅速。
2　搭配折好的滤纸进行萃取的工具。另外可以替代滤纸的不锈钢过滤器也已经研发出来。

精品咖啡协会展览会

精品咖啡协会展览会

芝加哥的知识分子咖啡店

精品咖啡协会展览会

洛杉矶的知识分子咖啡店

西雅图的星巴克1号店

波特兰的树墩城咖啡店

波特兰的科瓦咖啡店

星巴克

日本制陶器

中度研磨咖啡粉 25 克

90—96℃热水

350 毫升萃取液

❶从咖啡粉的中心一点点地
注水。直到有一两滴萃取
液落入分享壶中，闷蒸
20—30 秒。

❷将少量热水缓慢地逐渐注
入咖啡粉的中心，让萃取
液的液面有一定高度。

❸在第二次注入的水流尽之
前，开始第三次注水。

❹达到所需的萃取量时，就
可以拿开滤杯，无须等待
萃取液流尽。

苏门答腊岛曼特宁 / 苏门答腊式处理 / 法式烘焙
pH 值 5.8
用 25 克咖啡粉萃取 350 毫升咖啡

萃取时间 **150** 秒 糖度 **1.2**

哥斯达黎加塔拉珠产 / 果肉日晒法处理 / 城市烘焙
pH 值 5.5
用 25 克咖啡粉萃取 250 毫升咖啡

萃取时间 **150** 秒 糖度 **1.5**

中度研磨咖啡粉 25 克

93℃热水

350 毫升萃取液

❶ 咖啡烘焙商科瓦，为手冲咖啡滤壶 Chemex 开发了圆锥形金属滤杯 KONE。由 Able Brewing 公司销售。先注入 50 毫升热水，等待 30 秒后，在 2 分钟内注入 400 毫升热水，等待萃取液落下。

苏门答腊岛曼特宁 / 苏门答腊式处理 / 法式烘焙
pH 值 5.8
用 25 克咖啡粉萃取 350 毫升咖啡
萃取时间 **130** 秒 糖度 **1.1**

哥斯达黎加塔拉珠产 / 果肉日晒法处理 / 城市烘焙
pH 值 5.5
用 25 克咖啡粉萃取 250 毫升咖啡
萃取时间 **130** 秒 糖度 **1.5**

中度研磨咖啡粉 25 克

93℃热水

350 毫升萃取液

❶四孔滤杯。2002 年，皮爷咖啡在日本开设第一家店，这是当时的首席执行官访问日本时送给我的礼物。使用时，先注入 50 毫升热水，等待 30 秒后，在 2 分钟内注入 400 毫升热水，等待萃取液落下。

苏门答腊岛曼特宁 / 苏门答腊式处理 / 法式烘焙
pH 值 5.8
用 25 克咖啡粉萃取 350 毫升咖啡　　　　　　　　　　　　　萃取时间 **130** 秒　糖度 **1.0**

哥斯达黎加塔拉珠产 / 果肉日晒法处理 / 城市烘焙
pH 值 5.5
用 25 克咖啡粉萃取 250 毫升咖啡　　　　　　　　　　　　　萃取时间 **130** 秒　糖度 **1.5**

※ 关于科瓦和皮爷咖啡，因萃取方法不详，所以参照了星巴克的方法。

●●●●

4

精品咖啡
协会的
萃取方式

精品咖啡协会建
议的 2 人份咖啡
冲煮方式

步骤

1   首先，清洁所有工具。

步骤

2   将滤纸放入滤杯。将用于预热的热
水注入分享壶，然后把水倒掉。

步骤

3   将滤杯放在分享壶上，倒入称好的
咖啡粉。

步骤

4   启动计时器，向咖啡粉中注入 50
毫升热水，使热水浸透咖啡粉。

步骤

5   闷蒸 30 秒。

步骤

6   保持滤杯中咖啡粉的膨胀状态，用
大约 2 分半到 3 分钟，继续缓缓注
入剩下的热水。

步骤

7   注入所有热水后，在咖啡粉瘪下去
之前移走滤杯。

准备

用于制作 2 人份咖啡的滤杯

中度研磨的咖啡粉 22 克

93.5℃热水 400 毫升，用于
萃取

额外的 93.5 ℃ 热水，用于
预热

2 号咖啡滤纸 / 分享壶 / 克
重秤

萃取时间

2 分 30 秒—3 分钟

※ 精品咖啡协会建议咖啡粉和水的比例约为 1：18，就日本的冲煮习惯来说，水的量略多。

我的萃取方式

我在开店（1990 年）前的一年里，每天都在练习萃取咖啡，练习控制手冲壶的出水量和热水落下位置的技术。开店后，我每天手冲约 100 杯咖啡（一杯 500 日元，续杯 50 日元），从而掌握了通过调整萃取手法控制咖啡风味的能力。

彼时，比起生豆的品质，咖啡店更注重冲煮技术，萃取手法也因人而异。如今，优质的生豆很常见，小型烘豆机的性能也提升了，市面上已经有了许多风味丰富的烘焙豆。而且，信息来源更多样化，人们从网上就能轻松了解咖啡的萃取方式。此外，各种比赛纷纷举行，许多咖啡行业的从业者都在认真钻研萃取。

然而，信息的激增也导致了一些问题，比如："什么样的方法比较好？""该参考谁的萃取方法呢？"我觉得，因为萃取方式多样化，初学者会感到困惑。

在本书出版之前，我已经出版了 10 多本书，其中没有详细介绍过咖啡萃取，大部分是关于生豆品质的。出版本书的时间已与先前出版最后一本书的时间相隔 13 年，我想把本书的重点放在萃取这个咖啡制作的最后阶段上。

呈现醇厚度是
堀口咖啡研究所的基本萃取原则

　　滴滤式萃取，是指"溶解、浸出、过滤咖啡中的实际成分"。使用圆锥形滤杯时，通过间歇性地注入少量热水，先溶解上层咖啡粉中的成分。然后这些成分随着热水通过中层、下层的咖啡粉，最后形成浓缩的萃取液。

　　Hario 滤杯的肋柱（导流槽）是螺旋形的，KONO 滤杯的肋柱则比较短，因此热水在 KONO 滤杯中下落的速度稍慢。然而，按照基本萃取方式，使用这两种滤杯在同等时长内萃取出的咖啡风味差异，非常难通过盲品分辨出来。

　　咖啡的风味特征主要由酸度和醇厚度构成。酸度主要由烘焙豆所含的总酸度（可滴定酸度，6—8 毫升 /100 克）决定，它们以有机酸的形式被微量萃取。醇厚度主要受总脂质含量以及令美拉德反应产生的

热水的注入方式

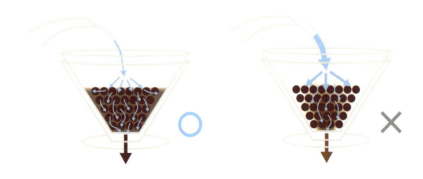

蔗糖与氨基酸的影响，这些物质的萃取很大程度上由萃取技法决定。

我认为最好的咖啡风味，是即使经过深度烘焙，仍能在酸度和醇厚度之间保持很好的平衡。堀口咖啡研究所的萃取方法，追求将咖啡成分恰到好处地充分萃取。

准备 25 克研磨度略粗的咖啡粉，用 93℃ ±2℃的热水（刚开始注水时的温度）在 2 分 30 秒内萃取 240 毫升咖啡（126—127 页）。我使用这个方法对各种不同烘焙度的豆子进行萃取和杯测。不过，为了获得最佳风味，我会调整粉量和萃取时间。

注水有两个基本要点：水流不要太粗，注入细细的水流，让热水渗透到粉末中；向滤杯的中心注水，不要将水注于边缘，避免水从边缘漏下。

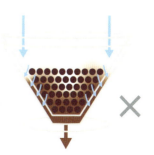

1 把咖啡粉弄平，闻闻香气。

要点｜养成闻咖啡粉的习惯，逐渐具备分辨其中差异的能力。

2 向咖啡粉中心注入大约 10 毫升 93℃ ± 2℃的热水。

要点｜一点点地慢慢注入热水。

3 第一滴萃取液落下后，增加注水量。注水时，水流从咖啡粉的中心向外画圈，注水的范围约为 500 日元硬币大小（直径约 26.5 毫米的圆），液面变平后，继续注水。

要点｜从开始注水到第一滴萃取液落下的秒数对风味的影响非常大。想要浓郁的风味，需要控制萃取液至开始注水后40秒时才滴下第一滴。

4 第一滴萃取液落下后,增加注水量。注水时,水流从咖啡粉的中心向外画圈,注水的范围约为500日元硬币大小(直径约26.5毫米的圆),液面变平后,继续注水。

要点 | 在靠近咖啡粉的位置注水。热水会沿垂直和水平方向渗透。如果将热水浇在咖啡粉边缘,水会从滤杯的内缘流下。

5 在大约1分30秒内,萃取出100毫升咖啡。

要点 | 使用电子秤和计时器来监测萃取量和时间。

6 增加注水量,在剩下的1分钟内萃取出140毫升咖啡。

要点 | 萃取完成时,咖啡粉没有凹陷。

练习时，改变基本萃取方式的萃取时长，咖啡风味会出现很大的差异。如果咖啡是优质的，那么只要萃取时长在 1 分 30 秒到 3 分钟内，咖啡就不会产生异常的风味。

在开始的第 1 分钟内萃取出风味浓厚的液体，在 1 分 30 秒内萃取出 100—120 毫升咖啡。

表 7.1　基本萃取的应用

城市烘焙 /25 克咖啡粉萃取 240 毫升咖啡 /KONO 圆锥形滤杯

	萃取时间	第一滴萃取液落下的时间	30 ml	100 ml	糖度
1	3 分	40 秒	90 秒	120 秒	2.0
2	2 分 30 秒	30 秒	60 秒	90 秒	1.8
3	2 分	20 秒	50 秒	70 秒	1.8
4	1 分 30 秒	20 秒	40 秒	60 秒	1.5

注：在第一滴萃取液落下前，咖啡的成分被溶解。它落下所花的秒数决定了咖啡大致的风味特征。第二种萃取方式是标准的。想要更浓的风味可以选择第一种，想要更淡的风味则可以选择第三种或第四种。

20 毫升-10 秒节奏萃取法

"20 毫升-10 秒节奏萃取法"是规律而简单的萃取法，能够尽量减少风味的偏差。使用 25 克咖啡粉，萃取 240 毫升咖啡液。

首先，以从咖啡粉末中心向外打圈的方式注入 20 毫升左右的热水。约 10 秒后（10 秒包括注水的时间），再注入 20 毫升热水。等待 10 秒，继续注入 20 毫升热水。重复这个步骤。在约 2 分 30 秒内注入 300 毫升左右的热水，这样可以萃取出约 240 毫升咖啡。

然而，即使使用电子秤，要控制注水量也是很难的，不可能做到完美，但通过练习，能够形成对注水量和萃取速度的感觉。按一定的节奏注入热水的方式，被称为节奏萃取法。你可以将其作为基础萃取法来练习，只要使用优质的烘焙豆，就能萃取出美味的咖啡。

搅拌萃取法

　　准备一个容器，如玻璃壶或烧杯，将其放在磁力搅拌器[1]上面，并将搅拌子放入容器。将 25 克咖啡粉和 300 毫升 93℃±2℃的热水放入双人份的玻璃壶内，搅拌 3 分钟后，使用滤纸过滤。这是一种风味偏差很小的萃取方式。用 5000 到 1 万日元就可以买到比较便宜的搅拌器。

　　在研究生院测量咖啡的 pH 值和可滴定酸度时，为了尽量减少萃取带来的偏差，会使用搅拌萃取法。不过，因为咖啡粉过筛后，被筛成了粒度[2]更细的粉末，所以不使用滤纸过滤。将 5 克烘焙、研磨后的咖啡豆样本（中度烘焙 /L 值 22.2—23.2）放入 200 毫升容量的烧杯，注入 110 毫升热水，用搅拌器搅拌 3 分钟后，使用玻璃纤维过滤器进行过滤。

　　此外，制作用于电子舌的样本时，也使用这种方式。将 10 克咖啡豆样本（L 值 22.3—23.2）进行中等粗细的研磨，然后将磨好的咖啡粉末放入 200 毫升容量的烧杯，注入 120 毫升 93℃±2℃的热水，用搅拌器搅拌 3 分钟。使用 KONO 滤杯和滤纸进行过滤。滤液迅速降温至室温后，使用电子舌进行分析。

1　利用磁力使搅拌子（磁铁）旋转，从而搅拌液体的装置。
2　决定用于实验的烘焙度和研磨度时，并没有固定的方法，需经过反复试错，才能确定。

尝试法兰绒滴滤

法兰绒滤布比纸更粗糙，吸收的成分比纸少。用注入热水经过咖啡粉层的方法进行基本萃取时，法兰绒滴滤能萃取出更多的咖啡成分，被认为是适合深烘豆的萃取方法。滤纸滴滤的优点是使咖啡风味干净，而法兰绒滴滤的优点是使咖啡风味醇厚。

用法兰绒萃取的法式烘焙咖啡，充满了甜美的香气。其液体浓厚，柔和的苦味中又有甘甜的感觉，可以使人体验到咖啡的奥妙。

相比滤纸萃取，法兰绒萃取有更多影响风味的变量，用这种方式萃取咖啡需要更高水平的萃取技术，以获得稳定的风味。

❶绒布的形状（长和宽）、厚度（织物质地）和起绒（单面起绒、双面起绒，见第 133 页）都会改变萃取速度，因此必须了解每种绒布的特点，再进行萃取。

❷使用湿绒布。用毛巾夹住绒布，吸去绒布中的水分，绒布湿度的变化会改变萃取速度，因此要让绒布处在一个比较稳定的状态中。

❸随着绒布使用次数的增加，绒布中残留的微粉会对风味造成影响，因此需要根据绒布的使用次数来微调萃取速度。

❹在烘焙后，随着时间的推移，咖啡豆的风味也会发生变化，所以需要根据时间变化和❶—❸中描述的绒布状态变化，找到适当的萃取方式。

使用法兰绒滴滤，需要不断微调萃取技法，才能保持萃取出的咖啡风味相同。

储存法兰绒滤布时，要避免滤布变干，通常做法是将滤布浸泡在水中，经常更换水。如果想储存法兰绒更长时间，可以将其控干水分后，放入冷冻袋冷冻。大约使用 50 次后应更换新的绒布。

如果使用法兰绒萃取，则需要比用滤纸萃取时更精确的配方。表 7.2 中的配方是我为专做法兰绒萃取的咖啡店研制的。在昭和时代（1926—1989），许多咖啡店将半磅（约等于 225 克）或 1 磅（约等于 450 克）

单面起绒和双面起绒

有些观点认为，在注入热水时，单面起绒滤布的起绒面绒毛会竖起来，导致热水从咖啡粉边缘漏出，所以萃取时应将起绒的一面朝外。也有人认为，起绒面朝内能使咖啡产生更浓郁的香味。然而，糖度的数值和感官评估结果显示两者之间没有明显的差异。许多咖啡店店主会讲究滤布的形状、缝制方式，是两块拼接的还是三块布拼接的，是单面起绒的还是双面起绒的，等等。尝试用单杯或者一次多杯等各种不同的方式进行萃取。最终，还是要通过实际品尝来判断风味。

把法兰绒滤布浸入水中

容量的绒布放在滤架[1]上（用夹子等固定），用 200—250 克或 450—500 克的咖啡粉进行萃取。这是滤纸单杯萃取普及之前的时代。原本，用 100 克以上的咖啡粉进行法兰绒萃取，就可以产生浓郁而美味的风味。然而，咖啡萃取液在量大时更容易与氧气结合并被氧化，新鲜度和细腻感会随之减少。此外，二次加热也显然会造成咖啡的风味下降。最好还是能在萃取后尽快享用。

表 7.2 　堀口咖啡研究所的法兰绒萃取配方（Hario 1—2 人份）

烘焙度	中度微深	城市	法式	牛奶咖啡所需	冰咖啡所需
用量	20克	22克	25克	25克	30克
第一滴萃取液落下的时间	35—45秒	40—45秒	50—60秒	50—60秒	70秒
1分半	45ml	20—30ml	5—10ml	5—10ml	5ml
2分钟	130ml 结束	60—70ml	20—30ml	20—30ml	10ml
2分半		130ml 结束	60—70ml	60—70ml	30—40ml
3分钟			130ml 结束	110ml 结束	50—60ml
3分半					80—85ml
4分钟					130ml 结束
pH	5.1	5.4	5.6		5.7
糖度	1.5	1.5	1.5		1.8
2杯量	30g+1分钟 260ml	32g+1分钟 260ml	35g+1分钟 260ml	35g+1分钟 220ml	40g+1分钟 260ml

---

1　为法兰绒萃取而开发的不锈钢工具。

挑战浓缩咖啡（咖啡精华）的萃取

本书中的咖啡精华 [1]，指风味浓郁、深邃、具有浓缩感的咖啡。浓缩萃取要使用没有焦煳和烟臭味的法式深烘豆，需要的咖啡粉量约为普通萃取的 2—3 倍。虽然难以确定其与普通萃取的咖啡在成分含量上的具体差异，但可以感受到，咖啡精华是"苦味中包含了更多甜味和鲜味的咖啡"（见第 136 页）。使用滤纸滴滤、按照基本萃取方式萃取出的咖啡糖度值约为 1.4，相比之下，浓缩萃取出的咖啡浓度更高，糖度值可以达到 4。（双份意式浓缩咖啡由于溶解了少量的脂质，糖度值可以高达 10。）

以 93℃的热水开始萃取 55 克中度研磨的法式深烘豆。使用 KONO 的 4 人份圆锥形滤杯，用 5 分 30 秒萃取 200—300 毫升咖啡。由于咖啡非常浓郁，用浓缩咖啡杯饮用 100 毫升以内是适当的量。

为了呈现出柔和的风味，浓缩萃取需要比基础萃取多花 2—3 倍的时间，缓慢注入更少量的热水。注水方式是影响风味的非常重要的因素，如果要让风味体现出一种热水温柔注入咖啡粉的感觉，就需要具备丰富的味觉感性和技巧。

1　一般指通过把药物或食品浸泡在水、酒精、乙醚等中，提取出的浓缩有效成分。在本书中，指高浓度萃取的咖啡。罐装或瓶装咖啡等即饮产品中使用的咖啡精华属于工业制品，经过了反复的浓缩，糖度值约为 20。

浓缩咖啡的萃取方法

1 将热水一滴一滴地缓缓滴在咖啡粉上。在热水渗透所有咖啡粉末之前，都要缓缓注水。

2 第一滴萃取液会在1分钟到1分30秒内落下。然后每次从中心向外侧注入5毫升热水。
甜美的香气扑鼻而来。

3 热水渗透到所有咖啡粉中，粉末会膨胀。成分溶解、浸出，少量浓厚的萃取液细细地流出。在4分钟内萃取约120毫升咖啡以后，可以稍微增加注水量。

4 以5分钟萃取约240毫升、5分30秒萃取约300毫升的节奏注水。萃取液虽然浓郁，如果萃取得当，能够享受到柔滑、温和的苦味。

浓缩萃取配方（肯尼亚基里尼亚加产 / 水洗处理 / 法式烘焙 /pH 值 5.6）

烘焙度	粉量	第一滴萃取液落下的时间	萃取时间	萃取量	pH值	糖度	风味
法式	55 g	80秒	330秒	300 ml	5.6	4.0	甘甜浓郁

使用烘焙程度低于城市烘焙的豆子萃取出的咖啡往往会太酸，过度萃取会导致风味变重。浓缩萃取更适合使用去除了水分、带有美拉德反应化合物的甘甜和鲜味的深烘豆。

如果不介意微粉，
法式压滤壶是简单方便的萃取方法

人人都可以轻易操作法式压滤壶。将咖啡粉放入法压壶，倒入热水，轻轻搅拌，让粉末与热水接触 3 分钟左右，萃取出咖啡成分。最后，用金属过滤器将粉末压到底部。

由于咖啡粉一直浸泡在热水中，如果使用深烘焙咖啡豆，咖啡的苦味可能非常强烈，因此，一般认为使用中度烘焙到中度微深烘焙的豆子更合适。不过，实际测试发现，只要烘焙得当，法压壶适用于从中度到法式烘焙的各种豆子。

因为细微的粉末可以从与法式压滤壶配套的金属过滤器中通过，所以萃取液难免有混浊感。在感官上，这样的混浊感可能会掩盖咖啡液质地的醇厚感，是否介意这一点也许是决定是否要使用这一器具的关键。

此外，虽然有很多人认为"由于萃取出油脂，所以风味更佳"，但其实热水萃取并不能溶解脂质，只不过深度烘焙会让油脂从咖啡豆中渗出，并覆盖在其表面。这些油脂可以通过法压壶或者法兰绒滤布等孔隙较粗的器具滤出，漂浮在萃取液的表面，但量极少。由于这种萃取液的糖度值（浓度）并不高，所以并不能说萃取出的一定是醇厚度高的咖啡。不过，在意式浓缩萃取中，0.1 克 /30 毫升的脂质可以乳化溶解[1]。

---

1 Ernesto Illy /《用科学品味咖啡的魅力》（科学で味わうコーヒーの魅力）/ 日经科学 /2002 年

法式压滤壶有 2 人用的尺寸，也有适合 3—4 人用的。

　　用 10—25 克中度微深烘焙（pH5.2）、中度研磨的咖啡粉，以法式压滤壶萃取，制作的萃取表如表 7.3。用较多的咖啡粉萃取时，咖啡的味道容易变重。一般认为，减少粉量或缩短萃取时间，做出风味清爽的咖啡更好。然而，这样做萃取出的咖啡比基本的滤纸萃取制成的咖啡糖度值更低，所以可能更适合追求轻盈风味，而不是浓缩感风味的人。

表 7.3　法式压滤壶萃取表（使用 Hario Bright 2 杯用法式压滤壶）

危地马拉的帕卡马拉种 / 中度微深烘焙 / pH 值 5.2/300 毫升热水 /4 分钟 / 实验次数 13 次

咖啡粉克重 ＼ 浸泡时间	2 分	3 分	4 分	5 分
10 克	糖度 0.45 清淡，像红茶	糖度 0.45 清淡，像红茶	糖度 0.70 像大麦茶，略带咖啡味	糖度 0.90 适宜饮用，有酸度和甜味
15 克	糖度 0.75 清淡，略带甜味	糖度 0.85 香气华丽，有甜味和醇厚感	糖度 0.85 酸度与醇厚度平衡，有甜味	糖度 1.15 有混浊感和涩味，风味模糊
20 克	糖度 0.85 轻盈，柔和的酸度，甘甜的余韵	糖度 1.30 酸度、醇厚感、甜味平衡得很好	糖度 1.30 明显的酸度，有醇厚感，最佳	糖度 1.35 有粉末感和涩味，酸度很弱
25 克	糖度 1.25 酸度清晰，略带醇厚感	糖度 1.40 酸度因混浊感消失，略带粉末感	糖度 1.85 风味清晰，有粉末感	糖度 2.00 浓厚、有粉末感，粗糙

注：表格中的数值为 13 次实验糖度的平均值，可能略有偏差。浸泡 10 克咖啡粉 5 分钟，咖啡更适宜饮用；浸泡 15 克咖啡粉 3 分钟和 4 分钟时，咖啡都能有平衡的酸度、醇厚度和甜感，比较轻盈；浸泡 20 克咖啡粉 3 分钟和 4 分钟时，咖啡都有明显的酸味与醇厚度，风味平衡；25 克咖啡粉比较多，浸泡出的咖啡会产生混浊感，但浸泡 2 分钟的话，风味尚可。浸泡咖啡粉 2 分钟时，咖啡成分很可能溶解得不充分，要使用 25 克粉咖啡粉，才能萃取出风味；浸泡咖啡粉 5 分钟，可能会过度萃取，使咖啡产生涩味，但如果使用 10 克咖啡粉，咖啡就会适宜饮用。

冰咖啡正在风靡世界

① 快速冷却法

1990 年我刚刚开店时，很少有咖啡店用快速冷却法做冰咖啡。为了推广它，我在自己的店里采用了这种方法。

制作一杯冰咖啡时，用 20—25 克（中度研磨）法式烘焙的咖啡粉和 100—120 毫升的热水进行萃取，然后将萃取液注入装有冰块的玻璃杯里，使其迅速冷却。如果要做需加入牛奶的冰奶咖等，萃取液必须达到一定的浓度，否则会被稀释得很淡。因此，我在 1 升容量的法兰绒滤布中加入 100 克法式烘焙咖啡粉，萃取出 800 毫升咖啡，然后将咖啡放入冰箱冷藏。我每天都会重复几次这样的步骤。这些咖啡如果在店里，当天就会被消耗掉；如果在家里，一般可以喝到第二天。品质好的咖啡清澈、不混浊，风味也不会下降。

优质的烘焙豆可以做出具有
透明感的冰咖啡。

冰咖啡（快速冷却法）

用法式深烘焙咖啡粉萃取比较浓的咖啡
（参见浓缩咖啡的萃取法），将其倒入装
有冰块的杯中。咖啡必须萃取得很浓，因
为冰块融化成的水会稀释它。

冰咖啡（冷萃法）

在容器中加入 50 克法式
深烘焙咖啡粉和 650 毫升
（或 650—800 毫升）的水，
将其在冰箱中放置 8 小时
或者一晚。可以根据喜好
调整粉量。图中使用的是
Hario 的冷萃咖啡壶。

② 冷萃法

21 世纪的第一个十年，冷萃咖啡在美国出现。其实，在此之前，日本的一些咖啡店就已经供应这种咖啡了。

咖啡成分虽然能溶于水，但需要时间。

过去,咖啡店一直使用能让咖啡液一滴滴落下的专业器具进行萃取，萃取时间可以在 8—12 小时的范围内调节。在家里萃取咖啡时，可以在放有咖啡粉的容器中加水，然后等待几小时。当咖啡液达到合适的浓度时，用滤纸过滤。市面上也有很多冷萃专用的器具可供选择。

经过冷萃后,咖啡的苦味会变得比较柔,口感更温和,但香气会变弱。

咖啡的甜感和苦味变得不那么明显时，酸度会更容易被感知到。因此，比起风味轻盈的浅烘焙豆，用风味浓郁的深烘焙豆制成的冷萃咖啡更具咖啡的典型风味。

冷萃咖啡比在高温下萃取的咖啡更能保持风味。冷萃咖啡在冰箱里储存 24 小时内，风味的变质也会比较少。

表 7.4　冰咖啡的萃取配方

苏门答腊岛产的曼特宁 / 法式烘焙 /pH 值 5.8

	时间	粉量（克）	萃取量(毫升)	风味
快速冷却法 2 人份	3 分钟	25	160	香气很足的冰咖啡
快速冷却法 4 人份	5 分钟	50	320	风味浓郁的冰咖啡
冷萃法	8 小时	50	580	风味清爽的冰咖啡

掌握萃取过程中导致风味变化的因素

在良好的种植环境中生长，经过适宜的生豆处理，经过恰当的运输抵达日本，这样的咖啡豆就会很美味。过去，许多人是从"如何改善不好的风味"的角度看待咖啡的；而现在，我们已经能够获得新鲜度没有下降的高品质生豆或者烘焙豆。极端点儿说，只要使用优质咖啡豆，经过相对恰当的萃取，萃取时间、热水水温、研磨度、萃取量、粉量有点儿差异都不是大问题。按第 9 课的内容制作图表之后，就能够理解这一点。好的咖啡即使 pH 值和糖度有差异，也各有各的美味。关键是，要能够理解"风味的改变"是由哪些因素导致的。

归根到底，我觉得用滴滤的方式萃取出的咖啡，是个人的经验与感性相结合的产物。

咖啡萃取液的 98.6% 是水，其对风味的影响很大

咖啡萃取液的 98.6% 是水，因此水对咖啡风味有很大的影响。

天然水中含有钙离子和镁离子，每 1 升水中钙和镁的含量被称为水的"硬度"。根据世界卫生组织的标准，硬度为 60 毫克 / 升以下的水为"软水"，硬度为 120 毫克 / 升以上的水为"硬水"。在日本，各地区的自来水的硬度很少超过 100 毫克 / 升。

由于世界各地的水质不同，在世界咖啡冲煮大赛等比赛中，有向自来水中添加钙（5 毫克 / 升）的情况。然而，添加矿物质会改变水质条件，因此可能需要一些规则对比赛加以限制。

灰分（矿物质）作为烘焙豆的基本成分，在烘焙豆中的含量约为 4%。150 毫升咖啡萃取液中也含有高达 65 毫克的钾，远远超过 6 毫克的镁、2 毫克的钙和 1 毫克的钠。

矿物质的味道一般被认为是钾（酸味）、钙（苦味和咸味）、镁（苦味）、钠（咸味）等的味道。它们的组成可能影响咖啡的味道（见表 8.1）。

用市场上销售的水和自来水萃取咖啡，品鉴后再用电子舌检测（见图 8.1）。由此得出的结果符合通常的认知，即软水更适合呈现咖啡酸度和醇厚度之间的风味平衡。虽然有观点认为矿物质含量低的水容易导致咖啡的过度萃取，但实际情况并非如此。尤其在使用瑕疵豆很少的精品咖啡豆时，纯净水或矿物质含量低的软水更能让咖啡的真正风味呈现出来。

日本每个地区的水质都不同，所以即使使用相同的豆子，咖啡的风味也可能因地区而异。净水器一般能够去除影响人体的化学成分，提供安全、美味的水。日本常见的家用净水器使用活性炭去除余氯、霉味、水管的锈味，推荐安装。

表 8.1　水造成的风味差异

埃塞俄比亚产 / 中度微深烘焙 / 使用聪明杯, 在 20 克咖啡粉中加入 250 毫升热水, 萃取 4 分钟

pH 值①为水的 pH 值, pH 值②为咖啡萃取液的 pH 值, 矿物质的数值单位为毫克

水的种类	硬度	pH值①	pH值②	风味	糖度
纯水（Milli-Q[1]）		7.0	5.0	柑橘类水果的酸柔和、顺滑、干净, 香气很足	2.0
自来水	60 mg/L	7.4	5.1	后味的酸度很强、味道略重, 混有杂味	1.8
软水（日本）	30 mg/L	7.1	5.0	柔顺的触感和酸度, 风味佳、干净 镁 0.1—0.3/ 钙 0.6—1.5 钠 0.4—1/ 钾 0.1—0.5	2.0
硬水（法国）	304 mg/L	7.4	5.4	镁含量高, 苦味多, 回味重, 液体有混浊感 镁 2.6/ 钙 8/ 钠 0.7	1.9
温泉水（日本）	1.7 mg/L	9.5	5.4	顺滑易饮, 咖啡的酸度难以呈现 镁 0.01/ 钙 0.05/ 钠 5/ 钾 0.08	1.9

1　由超纯水生产系统 "Milli-Q" 生产的超纯水。它使用离子交换树脂。超纯水已经被最大限度去除杂质, 是纯度极高的水, 常用于大学的研究室中。

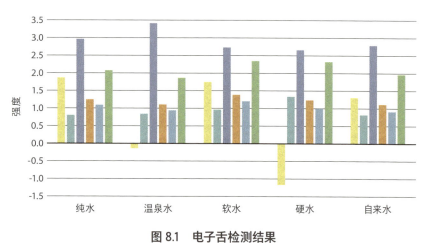

图 8.1 电子舌检测结果

纯水与软水可以凸显咖啡的酸度，使其风味平衡。

热水温度与萃取时间有互补关系，会影响咖啡风味的质感

关于萃取时的水温有各种观点，从 80—95℃不等。本书推荐的萃取热水温度为 85—95℃，不过书中所有的萃取都是在 93℃±2℃下进行的。在美国，90℃左右通常为建议的萃取热水温度。而精品咖啡协会杯测规定的萃取热水温度是 93℃。

然而，热水温度和萃取时间是相辅相成的，即使一个条件改变，也可以通过调整另一个条件，在一定程度上获得同样的萃取效果。使用 80—85℃的热水时，如果增加萃取时间，咖啡成分溶解度能达到与使用 93℃±2℃的热水时相似。一般来说，热水温度越高，咖啡的苦味成分被萃取得越多，所以如果使用温度更高的水，建议缩短萃取时间或使用研磨度稍粗的咖啡粉。

萃取时的热水温度也影响萃取后咖啡液的温度。我喜欢热咖啡，所以会在加热萃取器具后，再使用 93℃±2℃的热水进行萃取。（这里的热水温度指水刚开始接触咖啡粉时的温度。）

我尝试用不同温度的热水冲泡咖啡。水温 80℃时，完成萃取后的咖啡液温度将低于 60℃。萃取后的咖啡液温度过高可能造成咖啡风味的变质。不过，只要豆子的品质好，即便使用 95℃高温的热水，萃取出的咖啡也不会出现瑕疵豆的不良风味。

在使用过滤法（滤纸滴滤）的过程中，风味受温度的影响而变化，因此萃取咖啡的人的技巧和意图也会被反映出来。相比之下，用浸泡法（聪明杯）萃取出的咖啡浓度差别不大，受温度的影响相对较少。

表 8.2 水造成的风味差异

哥斯达黎加塔拉珠产 / 水洗处理 / 中度微深烘焙 / pH 值 5.2
20 克咖啡粉兑入 250 毫升热水, 使用浸泡法 (聪明杯) 萃取 3 分钟, 实验次数 3 次

水温	萃取后温度	风味	糖度
常温水	25℃	清爽易饮	1.6
80℃	58℃	风味轻盈, 易饮, 萃取后温度下降	1.3
85℃	62℃	有丰富的柑橘类水果的酸	1.3
90℃	65℃	除了鲜明的柑橘类水果的酸, 还具有醇厚感	1.3
95℃	68℃	有醇厚感, 回味中可以感受到酸度	1.4

注 : 常温水萃取, 是在 300 毫升的烧杯中加入 20 克咖啡粉, 注入 250 毫升水, 让其在常温下浸泡 15 小时后, 使用滤纸过滤的萃取方式。

粒度对咖啡风味的影响很大

咖啡粉的粒度（粉末颗粒的平均直径）对风味有很大影响。咖啡粉的颗粒越细，咖啡粉末间的空隙越少，咖啡成分的过滤速度越慢，萃取液越浓。咖啡粉的颗粒越粗，咖啡粉末间的空隙越多，萃取液落下的速度越快，浓度越低。

各公司和店铺的咖啡粉颗粒大小标准不同，并不统一。不过，可以参考日本咖啡公平贸易协会的标准[1]。此外，即使用磨豆机研磨，咖啡粉的颗粒大小也不会完全一致，所以咖啡粉是有粒度分布[2]的。精品咖啡协会的杯测标准是，研磨后的咖啡粉在孔径 0.833 毫米的 20 目筛网（美国泰勒标准筛）中通过率为 70%—75%。

虽然咖啡粉粒度大小的选择也和与之搭配使用的萃取器有关，但如果每次萃取时都改变咖啡粉颗粒大小，风味的品鉴就会变得困难。咖啡粉的粒度定好后，最好不要有太大改动，通过调整粉量、萃取时间、萃取量来调整咖啡风味会更好。

本书中不管使用哪种萃取方法（滤纸滴滤、法兰绒滴滤、法式压滤壶），都以稍粗的研磨度[3]为标准。研磨后，咖啡的表面积会成千倍[4]

---

1 ①粗研磨：研磨后的咖啡粉颗粒呈粗砂糖状或更粗；②中度研磨：呈白砂糖状；③细研磨：介于白砂糖和细砂糖之间；④极细研磨：比细研磨更细。

2 研磨后，不同大小的咖啡粉颗粒的比例。

3 所有萃取使用的咖啡豆都用富士皇家 R-400 磨豆机的刻度 4（粗颗粒）研磨。

4 石胁智广 /《你不懂咖啡》（コーヒー「こつ」の科学）/ 柴田书店 /2008/p.91

地增加。如果设定将咖啡粉末颗粒直径磨成 0.1—0.5 毫米的研磨方式为细研磨，0.5—1 毫米为中度研磨，1—2 毫米为粗研磨，每种研磨方式的这 0.5 毫米的差异，也会对咖啡风味产生决定性的影响。

研磨出的咖啡粉末多少会有些不均匀，在研磨的过程中还会产生微粉（直径小于 0.1 毫米的粉末）。过筛可以把微粉清除得很干净，但也会减少咖啡应有的浓度。如果介意微粉，可以将咖啡粉放在茶滤中摇晃，以将其去除。本书中的萃取在进行之前并没有对微粉进行过筛处理。

表 8.3　普通咖啡粉和去除微粉后的咖啡粉的萃取比较

哥伦比亚产 / 水洗处理 / 城市烘焙 /pH 值 5.4/18 克咖啡粉 2 分钟萃取 150 毫升咖啡，实验次数 30 次

在盲品中，让大家选择喜欢哪一种，意见产生分歧。

	咖啡粉状态	风味	喜好
A	普通的中度研磨咖啡粉	风味十分清晰	13 人
B	去除微粉后的咖啡粉	易于饮用、干净	17 人

不同大小的咖啡粉颗粒
呈现的风味差异

用富士皇家 R-400 研磨

中度研磨 　刻度 3　　糖度 **1.6**

咖啡粉颗粒在孔径1毫米的筛网中的通过率为70%。萃取出的咖啡味道扎实，但回味有一点点苦味。

稍粗研磨 　刻度 4　　糖度 **1.5**

咖啡粉颗粒在孔径1毫米的筛网中的通过率为50%。萃取出的咖啡香气足，酸度与醇厚度的平衡佳，风味浓郁。这样的研磨度适用于任何烘焙度的咖啡豆，尤其是中度烘焙到城市烘焙的咖啡豆。

糖度值按照基本萃取（25克咖啡粉2分30秒内萃取240毫升咖啡）的情况。

粗研磨 　刻度 5　　糖度 **1.4**

咖啡粉颗粒在孔径1毫米的筛网中的通过率为30%。这种研磨度尤其适合城市烘焙到法式烘焙的咖啡豆。用粗研磨咖啡粉进行萃取时，萃取液落下得比较快，比较轻盈。如果萃取时使用的咖啡粉粉量多，咖啡液浓度会增加。

通过粉量调整咖啡的浓度

应该使用多少咖啡粉才是对的？这很难一概而论。一般来说，如果使用中度烘焙的咖啡粉，萃取 120—130 毫升的一人份咖啡，那么咖啡粉的粉量可以为 15 克；如果萃取两人份的咖啡，则可以增加 10 克，共 25 克；如果所需的咖啡更多，可以按每多萃取一人份的咖啡，多用 8—10 克的咖啡计算所需粉量。不过，现在的咖啡杯往往比较大，如果一

用不同粉量萃取出的咖啡风味差异

哥伦比亚纳里尼奥产 / 水洗处理 / 城市烘焙 /pH 值 5.4

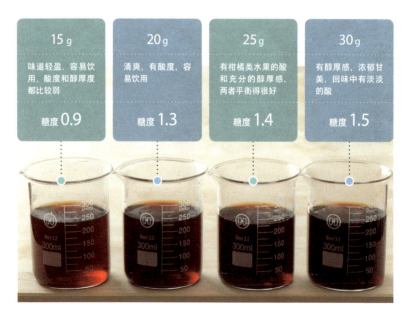

15 g	20 g	25 g	30 g
味道轻盈，容易饮用，酸度和醇厚度都比较弱	清爽，有酸度，容易饮用	有柑橘类水果的酸和充分的醇厚感，两者平衡得很好	有醇厚感，浓郁甘美，回味中有淡淡的酸
糖度 0.9	糖度 1.3	糖度 1.4	糖度 1.5

人份的咖啡 150—180 毫升，那么在萃取时可以稍微增加一点粉量，在上述的 15 克基础上加 2—5 克。

萃取不同烘焙度的咖啡时，按萃取液浓度来考虑使用的粉量更好理解。由于法式深烘豆失去了更多的水分和咖啡成分，所以在同样的萃取时间下，用这样的豆子萃取的咖啡糖度（咖啡浓度）可能会更低。

因此，有些人会认为，经过充分烘焙、苦味柔和的法式深烘咖啡比中度烘焙的咖啡更轻盈，更易于饮用。所以，如果想用法式深烘豆做出风味浓郁的咖啡，可以在萃取时增加粉量。

初次品尝咖啡的学生和我对咖啡的感知截然不同。中度微深烘焙的精品咖啡要比中度烘焙的精品咖啡酸度弱，但如果是第一次喝，可能会觉得它很酸。反之，用法式烘焙豆制成的咖啡虽然有苦味，但有很多学生觉得醇美、易饮。

表 8.4 用不同烘焙度的豆子制成的咖啡风味差异

危地马拉安提瓜、埃塞俄比亚耶加雪菲、哥斯达黎加塔拉珠产 / 用 25 克咖啡粉萃取 240 毫升咖啡，萃取时间为 2 分 30 秒，实验次数 120 次

生产国	烘焙度	pH值	糖度	风味
危地马拉	中度微深烘焙	5.2	1.5	有柑橘类水果的甜和淡淡的酸，与其他两种豆子相比，风味更浓，酸度更高
埃塞俄比亚	城市烘焙	5.5	1.4	有蓝莓类水果的风味，平衡佳，微酸
哥斯达黎加	法式烘焙	5.6	1.3	有西梅等深色系水果的风味，虽然略带苦味，但柔滑、易饮

通过改变萃取时长和萃取量控制风味

现在我们已经知道,粒度(研磨度稍粗)、热水的温度(93℃ ± 2℃)、2 人份的粉量(25 克)可以达到稳定的萃取平衡。接下来,需要了解萃取时间与萃取量之间的平衡关系。

使用 25 克肯尼亚产的城市烘焙咖啡豆,研磨度稍粗,然后以 93℃ ± 2℃的热水,尝试进行不同时长的滤纸(Hario)滴滤萃取。萃取时长为 1—5 分钟,萃取量为 240 毫升,比较其风味。

结果,萃取时间越长,萃取出的咖啡浓度越高。1 分钟的萃取时间会导致萃取不足,5 分钟的萃取时间会导致过度萃取。如果生豆品质好,烘焙得当,萃取时长在 2—4 分钟时,很难说最佳萃取时间一定是几分钟。

接下来,保持萃取时长不变,改变萃取量。萃取量越少,咖啡越浓,萃取量越多,咖啡越淡。也就是说,可以通过调整萃取时长和萃取量,自如地控制咖啡风味。

至此,我们应该可以通过粉量和萃取时长,预测咖啡的风味。咖啡萃取的基础已经掌握。

不同萃取时间下的咖啡风味差异

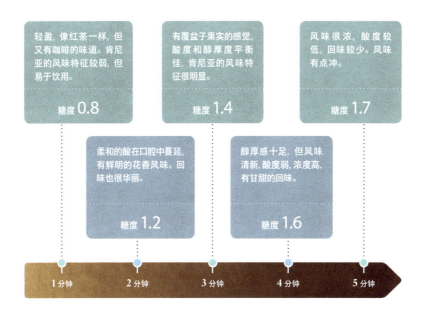

轻盈，像红茶一样，但又有咖啡的味道。肯尼亚的风味特征较弱，但易于饮用。

糖度 0.8

有覆盆子果实的感觉，酸度和醇厚度平衡佳，肯尼亚的风味特征很明显。

糖度 1.4

风味很浓，酸度较低，回味较少。风味有点冲。

糖度 1.7

柔和的酸在口腔中蔓延，有鲜明的花香风味。回味也很华丽。

糖度 1.2

醇厚感十足，但风味清新，酸度弱，浓度高，有甘甜的回味。

糖度 1.6

1 分钟　　2 分钟　　3 分钟　　4 分钟　　5 分钟

120 毫升
浓厚，风味太浓、太重

糖度 2.0

240 毫升
酸度和醇厚度平衡佳，有柑橘类水果的风味

糖度 1.4

360 毫升
味道寡淡

糖度 0.7

不同烘焙程度咖啡豆的萃取方法

使用不同烘焙程度的咖啡豆，需要不同的萃取方法。表 8.5 是我对中度烘焙、城市烘焙和法式深烘的咖啡豆的基本萃取配方，大家可以参照此表，自行调整。

如果保持研磨度、粉量、热水温度、萃取时长、萃取量这几个参数不变，法式深烘（烘焙使水分和成分减少）豆往往具有较低的糖度（浓度），用其做出的咖啡风味较轻盈。因此，如果想用经过城市烘焙或法式深烘的咖啡豆来做出风味浓郁的咖啡，建议保持研磨度、热水温度、萃取量不变，增加粉量或延长萃取时长。

表 8.5 基础萃取配方（滤纸滴滤 2 人份, 使用 Hario V60）

	研磨度	粉量	热水温度	萃取时长	萃取量	pH值	糖度
中度烘焙	较粗	20 克	93℃±2℃	2分钟	240 毫升	4.9 左右	1.5
城市烘焙	较粗	25 克	93℃±2℃	2分30秒	240 毫升	5.3—5.4	1.8
法式烘焙	较粗	25—30 克	93℃±2℃	3分钟	240 毫升	5.6 左右	1.8

咖啡萃取的各种讲究

一直以来，咖啡萃取在日本就有很多特别的讲究，比如有"去除碎屑""用热水浸湿滤纸""用热水稀释"等各种方法。接下来，我们将讨论这些。

① 碎屑

在烘焙过程中，生豆表面的银皮会变成碎屑，落入气旋系统（集尘器）。不过，在中度烘焙的过程中，生豆银皮的中间部分仍会保留。当烘焙豆被磨成咖啡粉时，摩擦引起的静电会使银皮附着在磨盘上。如果到了城市烘焙的程度，银皮基本会被气旋去除；如果到了法式烘焙的程度，就几乎看不到银皮了。通常认为碎屑对风味的影响不大，但由于碎屑可能让咖啡产生杂味，还是建议去除。尝试只对碎屑进行萃取，产生的是轻微烘焙的烟味，以及淡淡的茶或花草茶的味道。这些并不是很难闻的味道，所以也没必要过度紧张。

银皮碎屑　　　　　　　　　萃取碎屑

② 用热水浸湿滤纸

在咖啡萃取的过程中，经常会见到用热水浸湿滤纸的做法。虽然这样做的初衷是为了去除滤纸的气味或者味道，但我认为这样的做法并没有这种效果。最近，无味的滤纸也很多。不过，在使用浸泡法等时间较长的萃取方法时，在极少的情况下会感觉到纸的味道。我用 T-Fal 的器具将水煮沸后浸泡滤纸 10 分钟，并测试了滤纸气味的感官差异。实验使用了 Hario V60、Kalita Wave、Melitta 白色、Kalita 棕色这 4 种滤纸，但在盲测中很难察觉出气味。此外，注入 100 毫升热水后，未经热水浸湿和经热水浸湿过的滤纸的过滤时间几乎没有差别，因此，我认为没有必要用热水浸湿滤纸。

③ 用热水稀释萃取液

有一种萃取方法是，先萃取出风味浓厚的咖啡，再加热水稀释萃取液来呈现最终的风味。我也测试了这种方法。萃取的最后阶段产生的就是咖啡成分被萃取出来后的淡薄液体，所以用热水稀释也是一个可行的选择。使用 25 克城市烘焙水洗埃塞俄比亚咖啡豆，用 2 分 30 秒萃取 240 毫升咖啡，分 3 次萃取。刚开始 80 毫升，然后再萃取 80 毫升，最后再 80 毫升，分别品尝它们的味道。如果第 2 次和第 3 次的萃取液没有显示出缺陷或混浊等不好的风味，就将所有萃取液混合，这样得到的咖啡的风味可以被认为是这杯咖啡的本质风味。

三次萃取的风味差异

最初萃取的 80ml	第 2 次萃取的 80ml	第 3 次萃取的 80ml
时间 90秒　**糖度** 3.0	**时间** 30秒　**糖度** 0.8	**时间** 30秒　**糖度** 0.3
浓厚的咖啡，滋味很浓	略带水果的风味，没有不好的风味	红茶般的味道，没有不好的风味

240ml　时间 150秒　糖度 1.3　酸度和醇厚感平衡的风味

制作自己的萃取表

本书的最终目标是，通过以手冲滴滤为主的萃取方式，帮助你了解咖啡风味的多样性，发现新的美味，并完成属于自己的最佳萃取表[1]。

关于咖啡的信息非常丰富，我们在杂志、书籍中和网上可以很容易地找到各种萃取方法。然而，其中通常不包含对"为什么要以某种方式萃取"的解释。有些信息中有"请调整萃取时间和粉量"，但在实践中，人们往往不清楚该怎么调整。

因此，本书反复进行了许多萃取实践，并让实践数据与感官评估相对照。希望读者能够真正尝试各种萃取方式，提高自己的萃取技能，同时理解咖啡的风味。

如果最终掌握了"怎样做，能产生怎样的味道"，就应该可以轻松呈现出自己想要的咖啡风味了。这次，我固定萃取时长，制作了粉量与萃取量关系的图表。还通过实验探究了固定萃取量后，粉量与萃取时长的关系，但由于萃取时长比萃取量对咖啡风味的影响少，没有发现两者之间的相关性，所以省略了该图表。

1　萃取表经笔者进行萃取实验，并参考"中级萃取"研讨会参会者的萃取数据（实验次数 8 次）绘制而成。

‖ 以开发原创配方为目标

咖啡萃取液的98.6%[1]是水。此外，萃取液中还溶解了一些其他成分。以用10克咖啡粉萃取的150毫升咖啡为例，它含有0.7克碳水化合物（如可溶性膳食纤维）、0.2克蛋白质（包括微量的氨基酸，如谷氨酸、天冬氨酸）、0.2克灰分、0.02克脂肪酸、0.25克单宁、0.06克咖啡因。此外，经推测，其中还有微量的有机酸、褐色色素等。

烘焙豆的成分中有约28%的水溶性成分和72%的不溶性成分。应该萃取多少水溶性成分？萃取出的成分和萃取量之间的最佳平衡关系是什么？通过品尝不同咖啡粉粉量和萃取时长萃取出的不同萃取量的咖啡，可以绘制出恰当的萃取表。

根据精品咖啡协会的咖啡萃取控制表（见第168页图9.1），溶质浓度在1.15%—1.35%之间、萃取率在18%—22%之间的萃取，是最好的萃取（也被称为"金杯萃取"）。这种最佳平衡只是精品咖啡协会的一个标准，无须对其太过执着。精品咖啡协会使用的总溶解固体测定仪[2]和糖度计，都会受到萃取时长、咖啡研磨度等的影响，所以，最

---

1 日本食品标准成分表2015年版/女子营养大学出版社/2016年4月（使用10克咖啡粉，用浸泡法萃取150毫升咖啡液）。

2 在美国，一般不使用糖度计，而是用总溶解固体测定仪来测量溶液中的总溶解固体。在日本，一般使用糖度计，它可以测出光线通过含有固体的水时发生的折射，常用于测量水果的糖度等，也可以用于大致比较咖啡萃取液的浓度。糖度和总溶解固体之间的关系大致为糖度x0.79＝总溶解固体量的值。这些萃取研究延续自20世纪50年代的咖啡冲煮研究所（1957— ），被纳入美国精品咖啡协会的《咖啡萃取手册》（*Coffee Brewing Handbook*）。

好把这个标准简化一下。

例如，在以下样本 A、B、C 的萃取中，样本 A 的糖度比样本 B 的高，样本 A 的萃取率（13.4%）也比样本 B 的（8.6%）高。尽管样本 C 所用的粉量少、萃取量多，但由于糖度高，萃取率也高达 21%。

萃取率[1] 的计算方法是：萃取量 x 浓度 ÷ 使用的咖啡粉量。

精品咖啡协会认为咖啡粉量和萃取所用热水的比在 1:18 左右为佳 [例如，3.75 盎司（约 106 克）咖啡粉，使用约 1.9 升（约 1900 克）水萃取]，所以推测样本 C 的萃取比例是最接近最佳的。然而，萃取受到粒度（研磨度）、烘焙程度、萃取时长和萃取技术等因素的影响，因此很难说样本 A、B 或 C 中的哪个一定更好。是否真的好喝，还需要用人的味觉实际验证。通过积累萃取数据和反复品尝，就能够找到更好的萃取指数。要完成符合精品咖啡协会的咖啡萃取控制表的萃取，需要使用更细的粉末、更高的热水温度、更长的萃取时间等，这可能不实际。

A. 萃取量 240 毫升 × 糖度值 1.4 ÷ 咖啡粉量 25 克
　≈ 13.4（使用 300 毫升热水萃取）

B. 萃取量 240 毫升 × 糖度值 0.9 ÷ 咖啡粉量 25 克
　≈ 8.6（使用 300 毫升热水萃取）

C. 萃取量 300 毫升 × 糖度值 1.4 ÷ 咖啡粉量 20 克
　= 21（使用 360 毫升热水萃取）

1　可以看作从原料中获得生产物的效率的百分比。

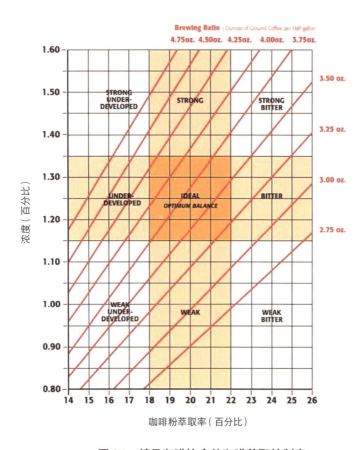

图 9.1　精品咖啡协会的咖啡萃取控制表

┃ 绘制自己的萃取表

　　最终，需要不依赖既有的指标，通过绘制自己的萃取表来实现理想的萃取。在这里，我们需要测量萃取液的糖度，并将其与感官评估相联系。萃取液的糖度随烘焙度、研磨度、烘焙后存放的天数、萃取时间等变化[1]。同时，还需计算萃取率，以供参考。

　　通过制作这个表[2]，可以把握风味的全貌。

1　萃取液的糖度受温度的影响很大。例如，在 30℃时糖度为 1.55 的萃取液，在 25℃时的糖度为 1.65，在 20℃时的糖度为 1.75，在 15℃时的糖度为 1.95，其糖度随温度的下降而上升。由于糖度计没有温度补偿功能，因此一般在 25℃ ±1℃下进行糖度测量。

2　绘制表格所需的萃取，都要按照笔者的基本萃取方式进行。在所用咖啡粉量不同的情况下，第一滴萃取液落下的目标时间分别为：当粉量为 15 克时，第一滴萃取液落下的目标时间为 15 秒；当粉量为 20 克时，第一滴萃取液落下的目标时间为 20 秒；当粉量为 30 克时，第一滴萃取液落下的目标时间为 25 秒。用不同粉量萃取咖啡时，最终萃取时间的误差分别为：当粉量为 15 克时，最终萃取时间的误差为 8 秒；当粉量为 20 克和 25 克时，最终萃取时间的误差为 5 秒；当粉量为 30 克时，最终萃取时间的误差在 3 秒以内。这些数据可能会有轻微的误差。

表 9.1　滤纸滴滤萃取表（例 1）

中度微深烘焙

东帝汶产的铁皮卡种 / pH 值 5.1
较粗研磨 /Hario V60/ 热水 93℃ ±2℃ / 实验次数 4 次

用 15 克、20 克、25 克、30 克的中度微深烘焙咖啡粉，120 毫升、240 毫升、360 毫升的水，进行 2 分 30 秒 ±3 秒的萃取。

	120 毫升	240 毫升	360 毫升
30 克	糖度 **3.1**　萃取率 **12.4%** 风味浓厚 酸度强	糖度 **2.2**　萃取率 **17.6%** 浓度高 有柑橘类水果的酸 与醇厚	糖度 **1.8**　萃取率 **21.6%** 酸味与醇厚度的 平衡佳
25 克	糖度 **2.9**　萃取率 **13.9%** 风味强烈，有黏稠感， 回味中有酸味	糖度 **2.0**　萃取率 **19.2%** 有柔和的柑橘类水果 的酸和甘甜的回味	糖度 **1.6**　萃取率 **23%** 有柔和的酸味， 醇厚度较弱
20 克	糖度 **2.35**　萃取率 **14.1%** 可以感受到浓度， 有酸度和醇厚感	糖度 **1.65**　萃取率 **19.8%** 温柔的酸度十分怡人	糖度 **1.25**　萃取率 **22.5%** 浓度比较淡，有微弱的 酸，易于饮用
15 克	糖度 **1.9**　萃取率 **15.2%** 可以感受到一些酸度， 但醇厚感很弱	糖度 **1.4**　萃取率 **22.4%** 很淡，酸度和醇厚度 都很弱	糖度 **0.95**　萃取率 **22.8%** 浓度最淡， 酸度很弱

注: 产自东帝汶的铁皮卡种，具有橙子般的酸与柔和的醇厚感。就该样本而言，糖度在 1.65—2.0 的范围内，萃取率在 19%—22% 范围内的萃取液，酸度和醇厚度平衡得比较好。

表 9.2　滤纸滴滤萃取表（例 2）

城市烘焙

秘鲁产的黄波旁种 /pH 值 5.3
较粗研磨 / Hario V60/ 热水 93℃ ±2℃ / 实验次数 4 次

用 15 克、20 克、25 克、30 克的城市烘焙咖啡粉，120 毫升、240 毫升、360 毫升的水，进行
2 分 30 秒 ±3 秒的萃取。

	120 毫升	240 毫升	360 毫升
30 克	糖度 **2.85** 萃取率 **11.4%** 最浓的萃取液，有黄油般的醇厚感，回味甘甜	糖度 2.0 萃取率 16% 风味强烈、复杂	糖度 **1.65** 萃取率 **19.8%** 酸度明显，与醇厚度的平衡佳
25 克	糖度 **2.55** 萃取率 **12.2%** 风味浓厚，回味带有一点苦味	糖度 **1.85** 萃取率 **17.8%** 酸度与醇厚度的平衡佳	糖度 1.45 萃取率 20.9% 柔和易饮，有轻盈的酸度
20 克	糖度 2.1 萃取率 12.6% 醇厚感强	糖度 **1.50** 萃取率 **18%** 比较轻盈，酸度与醇厚度平衡得良好	糖度 1.15 萃取率 20.7% 风味清爽，易于饮用
15 克	糖度 1.85 萃取率 14.8% 萃取时间太长，产生了杂味，风味重，平衡感差	糖度 1.15 萃取率 18.4% 比较淡，风味轻盈	糖度 0.95 萃取率 22.8% 最淡的萃取，风味很弱

注：就该样本而言，糖度在 1.50—1.85 的范围内、萃取率在 17%—20% 范围内的萃取液，酸度和醇厚度平衡得比较好。

表 9.3　滤纸滴滤萃取表(例3)

法式烘焙

肯尼亚基里尼亚加产 / pH 值 5.6
较粗研磨 / Hario V60/ 热水 93℃ ±2℃ / 实验次数 4 次

用 15 克、20 克、25 克、30 克的法式烘焙咖啡粉，120 毫升、240 毫升、360 毫升的水，进行 2 分 30 秒 ±3 秒的萃取。

	120 毫升	240 毫升	360 毫升
30 克	糖度 **3.3** 萃取率 **13.2%** 浓度最高，苦味强	糖度 1.9 萃取率 **15.2%** 浓度高，有较强的苦味	糖度 **1.55** 萃取率 **18.6%** 柔和的苦味中带着微微的甘甜
25 克	糖度 2.4 萃取率 **11.5%** 有较强的苦味和黏稠感	糖度 **1.8** 萃取率 **17.3%** 柔和的苦味与醇厚感，回味微微甘甜	糖度 1.3 萃取率 **18.7%** 柔和的苦味，微微的酸
20 克	糖度 2.2 萃取率 **13.2%** 浓度足，口感柔滑	糖度 **1.45** 萃取率 **17.4%** 柔和的苦味中留有甘甜	糖度 1.1 萃取率 **19.8%** 清淡中带有一点醇厚感
15 克	糖度 1.7 萃取率 **13.6%** 适度的苦味	糖度 1.1 萃取率 **17.6%** 苦味减少，风味清淡	糖度 0.8 萃取率 **19.2%** 浓度最淡，风味很弱

注：该样本烘焙后苦味较强。糖度在 1.3—1.55 范围内、萃取率在 17%—19% 范围内的萃取液口感柔滑，苦味柔和，带有甘甜的回味。

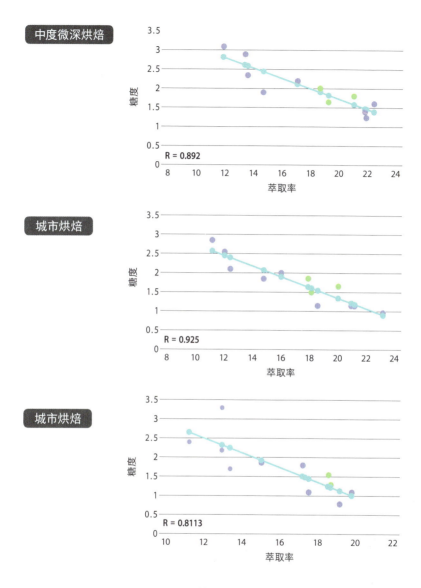

图 9.2　糖度与萃取率

中度微深烘焙、城市烘焙、法式烘焙萃取表中糖度和萃取率的关系图。图中的 R 是相关系数，表明图中的糖度和萃取率之间存在负相关。也可以推断出，萃取的误差相对较少。

资料来源：柳井久江/《四步Excel统计》（4 Stepsエクセル统计）/OMS出版/ 2015

如何形容萃取出的咖啡风味

自 2010 年以来，精品咖啡的生产区域不断扩大，产量也在增加。咖啡的风味也随之变得更加复杂。瑰夏、帕卡马拉等风味华丽的品种纷纷登场，埃塞俄比亚、肯尼亚、苏门答腊、哥伦比亚和哥斯达黎加等地产的传统优质生豆品质进一步提高，高品质日晒处理生豆出现，这些都创造出新的风味体验。

市场的成熟成就了新的咖啡从业者。不仅在日本，全世界微型烘焙坊（家庭烘焙店）的数量都在增加。

此外，越来越多的从业者前往咖啡产地探访，国际间的交流也在加深，这个时代让人们不得不需要一些共通的词汇来形容咖啡风味。互联网拍卖已经有 20 多年的历史，描述咖啡风味的词汇比 10 年前增加了很多。精品咖啡协会的风味轮和世界咖啡研究组织的《咖啡感官辞典》都是以美国为主导制定的，越来越多的人受到了它们的巨大影响。

在这种趋势下，描述咖啡风味的词汇变得极为主观，即使在咖啡从业者之间也因无法达成共识而产生不和谐感。复制生豆贸易公司的评价、主观词汇的泛滥，成为人们理解咖啡风味的障碍，并开始阻碍共识的形成。

虽然风味轮和《咖啡感官辞典》都是非常好的标准，但日本人的感觉与欧美人不同，所以其中的词汇有很多不太合适。

日本人可以理解的"鲜味"和"苦味"并不在精品咖啡协会的感官评价表中，而《咖啡感官辞典》中的基础味道与日本人的味觉感受也多有不同。

词汇本来应该由众多专家列出、评估和检验，但本书是基于我个人在过去 30 年里的品鉴经验写成的，因此，也许会有很多人觉得它们在通用性方面有缺陷，但我希望它们能成为草稿，让更多的人对风味描述感兴趣。

危地马拉安提瓜的酒店早餐

品鉴用语（词汇）

使用"品鉴"一词来替代"感官评估"[1]。咖啡的品鉴是对美味的探究，描述咖啡风味的词汇，就是品鉴用语。由于咖啡的香和味是一体的，所以可以用"香味"来描述主要的味道。此外，用"风味"一词描述香味加上质地（如口感、醇厚感等）的综合感受。

对如何写下所感知到的咖啡风味，并创建自己的矩阵，这本书提供了一些建议，但尽量不要在其中增加词汇，以便你能与更多的人分享共通的理解。咖啡品鉴的描述没有统一的标准，品鉴者可以自由表达香气、味道和质地。

因此，即使是同一种咖啡，不同的饮用者也会表达不同的感受。最近，出现了很多过度的风味描述，这些描述与讨论组成员[2]的共同感觉有明显的分歧。其中有许多自以为是的评价，这些评价是否真的能令人理解，我甚是怀疑。

此外，这些描述经常直接用于产品的广告和包装，会造成消费者的困惑，因此，包括我在内的一些咖啡从业者都表示担忧。

对香气和味道的表达受所处语言区饮食文化的强烈影响。由于日

1　用人的感官作为测量工具来测量品质的行为。从大量的样本中选出最好的一个。JIS Z 8144/《感官分析——词汇》（官能評価分析——用語）/2014
2　选出进行感官评估的一组人，组成讨论组，其中的成员即是讨论组成员。讨论组成员应该是能够做出公正判断（没有偏见）的人。大越 Hiro、神宫英夫/《食品感官评估入门》（食の官能評価入門）/ 光生馆 /2009/p.175

本有丰富的食材，生食也很普及，因此有很多关于食物口味的表达。达成国际性的共同认知需要一个过程，我们可以在世界各国创建词汇表，并将它们整合。

日本的一项研究是"消费者、咖啡从业者与咖啡品鉴师的词汇"[1]，它比较了三个群体的评价用语，是一项很好的研究。然而，由于基础样本不是专门针对高品质的咖啡，所以其中描述风味的词汇有限。

因此，我整理了自己在过去 20 年的精品咖啡品鉴中发现的咖啡的香味和质地。

这些是我个人词汇的一部分，有些人可能会有不同的感受。我希望在此基础上，尽可能收集各方的知识和见解，在未来创造出更完整的版本。咖啡是一种嗜好品，生豆所含的化学成分经过烘焙发生变化，变成了特别的饮品。因为香气和味道是一体的，所以食品（包括饮料）行业制作出了风味轮。虽然精品咖啡协会的风味轮在咖啡业界广泛传播，但其与日本饮食文化影响下的风味描述还有一些区别。本书中的词汇分为"香气""味道"和"质地"。

1　早川文友 等 / *Sensory Lexicon of Brewed Coffee for Japanese Consumes, Untrained Coffee Professionals and Trained Coffee Tasters/ Journal of Sensory Studies* 25/2010/ pp.917—939

描述香气的用语

香气是通过嗅觉感知的。

咖啡与葡萄酒不同，很难确定其香气是哪种具体的花香。咖啡的花香被认为"像茉莉花一样"，具体到这个程度就差不多了。将这种香气形容为"有花香"也足够。

大多数香气分子是容易变成气体的低分子有机化合物。

包括生豆和烘焙豆在内，咖啡的香气有近 1000 种[1]，所以其中的某一种很难被单独感知。

香气与味道密不可分，所以描述香气的词汇与描述味道的词汇有所重叠。不过，有的香味的香气更强，有的则味道更强。出于这个原因，世界咖啡研究组织[2]的咖啡感官辞典也把强度作为一个重要的因素。然而，我觉得这是一个面向咖啡研究者的概念，对咖啡从业者和消费者来说有些难度。

对咖啡"香气"的评价，分为咖啡粉的干香和萃取液的湿香，要将两者作为一个整体来品鉴。

已故的葡萄酒研究专家富永教授[3]使用"聆听香气"的说法，赋予香气品鉴一种优雅的姿态。

1　伊冯·弗拉芒 /《咖啡风味化学》（ *Coffee Flavor Chemistry* ）/Wiley/2002/p.77

2　https://worldcoffeeresearch.org/work/sensory-lexicon/

3　富永敬俊 /《玩味香气调色盘》（アロマパレットで遊ぶ）/Stereo Sound/2006/p.22

好的咖啡可以嗅到花香、果香或者甜香等。这些香气都是我们可以从咖啡中隐约感受的，但有点难用语言描述。尽管香气是化学物质产生的，可以用柠檬烯[1]（柑橘类香气的重要成分）、芳樟醇（茉莉花、玫瑰花等香气的重要成分）或其他分子的名字来描述，但实际上，只有调香师能做到这一点。因此，本书将咖啡的香气概括为以下三个香气用语（见表10.1）。

生豆有而烘焙豆没有的香气有100种，烘焙豆有而生豆没有的香气有650种，两者共同具有的香气有200种。

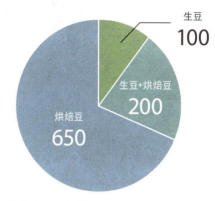

图 10.1　香气的分布生豆与烘焙豆

表 10.1　主要的香气用语

用语	英语	香气	举例
花香	Floral	许多花朵的甜美芬芳	茉莉花
果香	Fruity	柑橘和成熟水果的甜美芬芳	各种水果
甜香	Sweet	甜甜的香气	蜂蜜、焦糖

1　平山令明 /《香气的科学》/ 讲谈社 /2017/p.152

芳香套装：名为"咖啡鼻子"的 36 种咖啡芳香小样套装。也被用于阿拉比卡精品咖啡质量分级品鉴师的培训课程。Branding Coffee 公司出品。

描述酸度与果味的用语

　　由于咖啡是果实[1]的种子，所以我们可以从精品咖啡中尝到类似水果的酸度。精品咖啡的水果香味大多是柑橘类水果的香气和味道，但也有一些咖啡带有成熟水果的风味。我品尝过许多咖啡，根据水果的颜色划分了水果的风味，并将它们列出。

俄勒冈州波特兰市的超市

1　在咖啡的风味描述中，最常使用的是描述果味的词汇。我们可以发现，在精品咖啡协会风味轮（见第 211 页）以外的词汇表中，描述果味的词汇量约占其总量的一半。

虽说一些咖啡有"水果风味"，其实那仅仅是很细微的感觉，并不易被感知。在日常生活中养成吃水果的习惯会对品鉴咖啡风味有所帮助。我去美国波特兰参加 2018 年世界咖啡科学大会时，每天都会吃蓝莓、覆盆子（红色和黄色）和黑莓。

果味指的是华美、甘甜的香气或者水果般的味道。我们可以在咖啡中感受到类似下图中水果的属性。日本人对味道的感觉与美国人不同[1]，所以要留意词汇的正确使用。

笔者拍摄的一些
平时吃的水果

---

1 美国的青苹果、草莓和樱桃等许多水果的味道与日本产的有明显不同。此外，日本人较难区分浆果类的水果。

描述水果风味的用语

黄色水果

柠檬酸是咖啡中基本的酸味成分，柑橘类水果的酸是其中最重要的，可以从大多数高品质的咖啡中感受到。较强的酸味被形容为柠檬的风味，带有轻微苦味的酸味被形容为葡萄柚的风味，带有甜味的酸味被形容为橙、橘、柑的风味。

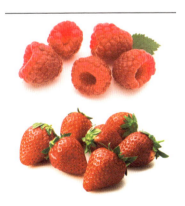

红色水果

柑橘类水果的酸加上覆盆子的风味后，会变得更加华丽，土壤良好的产地的帕卡马拉种带有这种风味。此外，有些高品质的日晒处理咖啡会带有草莓的风味。

黑色水果

日本市面上的蓝莓主要是日本产的和美国俄勒冈州产的。我们常常可以从埃塞俄比亚的水洗处理豆中感受到蓝莓的风味。在烘焙程度较深、蔗糖含量高的咖啡中，可以品尝到葡萄、西梅等其他黑色水果的风味。

干果

在一些烘焙程度较深的咖啡中，可以感受到土耳其等地产的无花果干的风味。在烘焙程度较深的肯尼亚或者哥伦比亚乌伊拉产区的咖啡中，可以感受到西梅干的风味。

其他水果

在一些中美洲咖啡，或者一些铁皮卡种的咖啡中，可能会感受到苹果的风味。要留意的是，苹果酸本身也有可能带来不好的风味。埃塞俄比亚的耶加雪菲等地的一些水洗处理的咖啡，带有桃子和蜜瓜的华丽、甘甜的风味，几乎能掩盖掉其柑橘类水果的风味。

热带水果

在极少数的苏门答腊产或肯尼亚产的咖啡中，可以感受到苹果杧、百香果等水果的华丽风味。此外，在一些巴拿马的瑰夏种咖啡中，可以感受到菠萝的风味。

※ 覆盆子和黑莓等水果的风味，对日本人来说较难分辨，因此更适合将其联想为果酱或者蛋糕里果泥的风味。草莓的风味以"枥木少女"品种（日本育成的一种草莓品种）为标准。杧果风味以苹果杧为标准。水果甜味强度依次为日本产的>中国台湾产的>墨西哥产的。苹果风味的标准为"富士"品种，而非美国青苹果。桃子和蜜瓜分别以日本产的桃子和蜜瓜的甘甜香味为标准。

描述甜味的用语

咖啡是一种神奇的饮品，不在咖啡中添加糖，也能感受到其中的甜味。测试对甜味的味觉感受的方法，是在 1 升水中加入 4 克蔗糖[1]，并将这种溶液与蒸馏水进行比较，大多数人都能够对两者做出区分。我们在咖啡的萃取液中，也可以感受到甜的属性。下文整理了经常被用于描述甜味的词语。

能够让人感受到甜味的咖啡，属于精品咖啡中非常优质的咖啡，并不是所有的精品咖啡都带有甜味。

1　咖啡中甜味的基础是蔗糖。蔗糖是砂糖的主要成分，由葡萄糖与果糖组成。

巧克力

烘焙程度在城市烘焙以上的咖啡，带有甘甜的巧克力风味；有些浓郁的法式烘焙咖啡带有黑巧克力的风味。可可豆有类似浆果的香味，与巧克力的香味有区别。

香草

很多高品质的咖啡中带有香草的香味。

焦糖

蔗糖含量高的生豆经过城市烘焙以上的烘焙后，可能带有焦糖风味。

蜂蜜

优质咖啡的后味中，可能有蜂蜜的风味。

砂糖

中度烘焙到法式烘焙的咖啡后味中，都可能有砂糖的风味。

其他用语

除了上述用语，还有很多形容咖啡风味的词语，这里列举了一部分。适用于这些词汇的咖啡并不多，只有极少的咖啡能让人感受到这种细微的风味。

茶

绿茶和红茶的风味在咖啡中是非常罕见的。我们可以感受到，有的咖啡中有新绿茶的香味，有些烘焙度浅、糖度低的咖啡中有红茶的风味。埃塞俄比亚水洗处理的咖啡带有的柠檬茶风味，获得了很高的评价。

草本

难以具体明确是哪种草本植物，如果是刺激性不强的草本风味，会获得好的评价。

香料

新鲜到港的中美洲等产地的咖啡中有肉桂的感觉，能够提升风味。除此之外，人们对咖啡中的其他香料风味评价不高。

葡萄酒

在埃塞俄比亚、也门及中美洲2010年之后产出的经过精良日晒处理的咖啡中，可以感受到红酒的风味；没有发酵的臭味，或者有非常细微的发酵风味。

坚果

坚果虽然是一个在描述风味时经常使用的词，但和葡萄酒中的矿物质风味一样，让人很难理解。坚果风味通常指烤坚果、麦芽、玉米等的香味，但也可以用于描述粗糙、令人不愉快的风味。

皮革

从新鲜青草味变化为森林的湿润气息，这是曼特宁咖啡独有的风味，在这种变化中可以感受到皮革的香味。

描述质地的用语

质地是一种可以被口腔感知的物理特性，在本书中作为醇厚度[1]的同义词使用。溶液中的溶质较多时，会对溶液的质地产生影响。水溶性碳水化合物（如膳食纤维）等会对液体的黏度产生影响。

使用滤纸滴滤时，虽然咖啡的脂质基本没有被萃取出来，但悬浮在萃取液中的微量胶质，让咖啡的口感更有质感。

表10.2 描述醇厚度的用语

词汇	味道	原因
黄油	黄油的黏度	烘焙豆的脂质含量高，生豆的密度大
奶油	奶油的口感	烘焙豆的脂质含量较高
重	味道重	萃取时间长，萃取时的粉量过多
轻	味道轻	萃取时间短，萃取时的粉量不足
柔滑	柔滑	萃取液中油性物质、胶质多
厚重感	有厚重感	萃取液中的溶质多
淡	淡	萃取液溶质少
复杂	味道复杂	萃取液中溶解了各种各样的成分

1　醇厚感在生产国通常以轻盈、中等、丰盈等词描述。我个人会把铁皮卡种的好的醇厚感称为"丝质"，把苏门答腊曼特宁咖啡的好的醇厚感称为"天鹅绒"。

风味轮

精品咖啡协会的风味轮（2016 年修订版，见第 211 页图）分为大、中、小类别，最内圈的大类别可分为 9 类，并被进一步细分。

某类食品的风味轮，是把人们从食品中感受到的香气和味道特征，按其相似性或者独特性放入分层的圆圈中。该食品的相关人员在沟通中以风味轮为工具，分享他们对香气和味道的共同理解。

在日本，风味轮在清酒、泡盛（产于琉球地区的高度蒸馏酒）、威士忌和啤酒等酒类品鉴中很常见，也有红茶和绿茶的风味轮，但没有咖啡风味轮。

在精品咖啡协会的风味轮中，咖啡的风味被分为九大类：花香味、水果味、甜味、坚果味 / 可可味、酸味 / 发酵味、绿色植物味 / 蔬菜味、烘烤味、香料味和其他。由它们衍生出来的风味中，有好的，也有不好的。此外，这一风味轮中用以描述的基础食材，大多是美国的，日本人可能难以习惯使用这个风味轮。

在美国，也出现了一些修改版或简化版的精品咖啡协会风味轮。比如反文化咖啡 [1] 创造的风味轮，以及简单的"Tastify" [2] 风味轮（见第 211 页）。Tastify 可以让烘焙者与生产者在不同国家同时开展咖啡杯测，并在网上通过 Tastify 进行讨论。

1　总部位于美国达勒姆的一家咖啡烘焙公司，不开设咖啡店，业务重心在咖啡教学培训上。

2　一款应用软件。

表 10.3　风味轮大类基本词汇的比较

精品咖啡协会	反文化咖啡	
花香味	花香味	左边 7 项基本
水果味	水果味	属性相同
甜味	甜味	
坚果味 / 可可味	坚果味	
香料味	香料味	
绿色植物味 / 蔬菜味	植物味 / 泥土味 / 草本味	
烘烤味	烘烤味	
发酵味	巧克力味	其余属性
其他	谷物味	有所不同
	咸味	

如何评价萃取出的咖啡

咖啡有着悠久的历史，深受世界各地人们的喜爱，但关于它的"美味"的讨论通常都比较主观，咖啡品质和风味的好坏，很少被客观地看待。"什么是咖啡的风味？""什么是好的品质？""应该如何评价风味？"我认为，缺乏对这些本质问题的探讨，是造成上述情况的主要原因。

咖啡作为一种嗜好品，它的风味有主观上的"美味的差别"和客观上的"品质优劣的差别"。本书认为的"美味"，取决于生豆的品质。优质的生豆经过恰当的烘焙和萃取，能生产出好喝的咖啡。因此，要有高水平的"美味"体验，就必须了解好咖啡的萃取方法。要有大量的体验，并训练自己的嗅觉和味觉。

最终，还是要具备自己判断萃取液好坏的技能。这需要了解生豆和烘焙的知识、品鉴的方法，以及味觉的开发。品鉴葡萄酒需要了解从葡萄种植到葡萄酒酿造的所有知识。我们不可能忽然凭空理解"罗曼尼–康帝"[1]的风味。只有按照"地区""村庄""地块"（村以下的区划）、"生产者"层层理解勃艮第[2]的各种葡萄酒，依次喝过"一级园""特级园"的酒，最终才能体会到其风味的伟大之处。咖啡也是如此。你第一次喝肯尼亚咖啡时感受到的"像柠檬、百香果或杏一样的酸"，同样受生产地的风土与生豆处理过程的影响很大，当你体验过中美洲国家或哥伦比亚咖啡中"柑橘类水果的酸"时，你才能理解其中的精妙之处。

为了理解咖啡的风味，好好了解评价咖啡的标准是有必要的。好喝的咖啡，基于"干净、不混浊"，加上"以柠檬酸为主的有机酸带来的美味"，以及"推测由脂质、糖类和氨基酸等产生的柔滑的口感

---

1 被誉为法国勃艮第地区的顶级葡萄酒。
2 勃艮第根据村庄内部的区划进行分级，葡萄酒的风味因生产者而异，价格也有所差异。

与甘甜、醇美",再加上"咖啡因和棕色色素的苦味"与"香气"共同构成的复杂的风味。

　　我们会学习如何准确捕捉构成这些风味的"香气""酸度""醇厚度""干净度"的"甜感",尽可能客观地去评价咖啡。

▎美味，是摄入食物带来的愉悦感觉

　　人类有味觉、嗅觉、触觉、视觉和听觉。味觉是化学物质与感受体（口腔、舌头和上颚）接触时产生的感觉，可以被视为一种判断口腔中的物质是否令人愉悦的传感器。

　　美味除了受化学因素[1]（香气与味道）和物理因素（质地）影响，还受心理和生理因素的影响，是大脑基于过去的饮食经验等做出的综合判断。伏木亨他[2]将美味分为 4 类：当味道中包含维持生命的必要成分时，感受到的"生理的美味"；当熟悉的口味带来安全感时，感受到的"文化的美味"；根据信息对味道做出预判时，"信息带来的美味"；以及由大脑的奖励系统产生的"上瘾的美味"。

1　都甲洁 /《感性生物传感器》（感性バイオセンサー）/ 朝仓书店 / 2001
2　伏木亨他 /《奇妙的气味与味道》（においと味わいの不思議）/ 虹有社 /2013/ p.163

基础味觉的生理功能，是将甜味感知为能量，将鲜味感知为蛋白质来源，将咸味感知为矿物质来源，而将酸味感知为腐烂的信号，将苦味感知为避免中毒的信号。然而，日本人在原有的饮食经验中，品味过春天的苦味（竹笋、油菜花、蜂斗菜）、梅干和柑橘类水果的酸味，以及海带和干鲣鱼片的鲜味，所以应该具备判断咖啡风味的能力。当然，个体在感知味道的阈值[1]方面存在差异。

天生就具有优秀味觉的人很少，味觉更多是由饮食经验构建起来的。人对咖啡的味觉也是通过接触各种未知风味的经验累积而来的。

要理解咖啡的风味，重要的是要接触风味好的咖啡，然后以此为基础，比较不同咖啡的风味。

表 11.1　食物的状态是美味的因素

化学因素	内容	物理因素	内容
味道	五味（酸味、苦味、咸味、甜味、鲜味）、辣味、涩味	质地	在口中感受到的力学特性、硬度、柔软度、颗粒感、光滑感、入喉感等
芳香	鼻子感觉到的芳香（orthonasal）、口腔感觉到的芳香（retronasal）	食品的温度、食品的外表	从口腔到食道感受到的温度、外观、鼻子感受到的气味

1　阈值：唤醒感官的刺激量的最低值。与水不同，某种味道可以被感知（检测阈值），并可以被清楚地识别其浓度，被称为感知阈值。苦味是人们识别毒物的味道，所以阈值最低（0.0003%）；其次是酸味（0.006%），因为它是使人识别腐烂状态的味道；接下来依次是鲜味（0.03%）、咸味（0.07%）和甜味（0.3%）。大越 Hiro、神宫英夫/《食品感官评估入门》/光生馆/2009/p.20

五味指甜味、酸味、苦味、咸味、鲜味

甜味、酸味、苦味被认为是咖啡的主要味道，可以被感官感知，咸味和鲜味则难以被感知。后文列出了五味[1]的表格（表11.2）。

带来甜味的蔗糖，在生豆中的含量为6—8克/100克。生豆在烘焙过程中被焦糖化，产生了羟甲基糠醛[2]等有甜味和香气的化合物。

咖啡的酸度来自柠檬酸等物质，是乙酸、苹果酸和奎尼酸等组合形成的复杂的酸度。

苦味主要来源于咖啡因、绿原酸等物质。这些物质在生豆中的含量约为1%—2%，但它们的味道很难被感知。蔗糖经过焦糖化后和氨基酸发生美拉德反应，产生的美拉德反应化合物也被认为对咖啡的苦味有一定的影响。

鲜味是由生豆中含有的谷氨酸钠（占生豆氨基酸总含量的22%）和肌苷酸钠（占生豆氨基酸总含量的9%）等氨基酸引起的一种感觉。氨基酸在烘焙过程中发生美拉德反应，产生美拉德反应化合物。虽然这些化合物较难被感知，但日本人对这种味道很熟悉，所以经过训练可能品尝得出。咖啡萃取液中也含有微量的谷氨酸。

涩味由单宁等物质引起。咖啡中的涩味，是由未成熟的咖啡豆带来的不好的味道。

---

1 都甲洁/《味觉的科学解析》（味覚を科学する）/角川学艺出版社/2002/p.15
2 冈希太郎/《咖啡处方》/医药经济社/2008/p.69

咸味是主要由食盐等物质引起的味觉，与咖啡本身没有太大关系。

除此之外，还有回味，是喝完咖啡后残留在口腔中的感觉。

品尝咖啡时，感受的还有口感与醇厚感。口感指舌头、牙龈感受到的触觉等整体感觉。醇厚感既包括食物风味的丰富程度，也包括口腔内触觉器官受到刺激后，感受到的流动性等感觉。本书使用"醇厚度"[1]来概括口感和醇厚感。

有研究认为，醇厚度最核心的第一层[2]，包括油、糖、汤汁（日式高汤）三个要素，第二层指浓稠度、黏性等口感、浓厚感和香气。

本书用"风味"一词来描述包括香气、五味与醇厚度在内的综合嗅觉、味觉和触觉体验。

---

1 以厚重、丰盈等词形容。海胆、明太子、鸡蛋、鱿鱼酱、奶酪、肝酱、咖喱饭等食品都具有醇厚度。
2 伏木亨 /《醇厚和鲜味的秘密》（コクと旨味の秘密）/ 新潮社 /2005/p.98

表 11.2　五味

	主要物质	意义
甜味	蔗糖、葡萄糖、人工甜味剂	能量来源
咸味	以钠离子为代表的金属阳离子	体液平衡所需的矿物质
鲜味	谷氨酸、呈味核苷酸二钠	生物体必需的氨基酸等
酸味	乙酸、柠檬酸等电离产生的氢离子	促进新陈代谢，是腐烂的信号
苦味	咖啡因、奎宁等	毒性警告

甜味

咸味

鲜味

酸味

苦味

精品咖啡协会杯测

精品咖啡协会的感官评估方法大约在 2004 年开始使用。精品咖啡中的瑕疵豆较少，因此，对其进行评估时，不像评估商业咖啡那样寻找风味中的缺陷，而是试图客观地比较、评估卓越的风味。这在当时是革命性的。

这套评估方法通过精品咖啡协会杯测裁判得到普及，之后被国际咖啡品质研究所的阿拉比卡精品咖啡质量分级品鉴师培训沿用至今。到 21 世纪的第一个十年末期，该方法已逐渐推广到各个咖啡生产国和消费国，被看作一种质量评估的标准。

首先，检查 350 克生豆中是否有瑕疵豆（如未成熟、有虫蛀、有残缺等）。如果扣分少于 5 分（每 5 颗瑕疵豆扣 1 分），则这批生豆被认为是精品咖啡。但是，其中只要混有一颗发酵豆，就不会被视为精品咖啡。

接下来，对含有少量瑕疵豆的生豆进行烘焙、杯测和评估。杯测的方法按照精品咖啡协会的规定为准。《咖啡教科书》[1] 也列出了其规定的杯测方法，一般大致如下：

1　堀口俊英 / 珈琲の教科書 / 新星出版社 /2010

❶烘焙生豆 8—12 分钟，达到中等烘焙度（标准为精品咖啡协会烘焙色值 55—60 / 咖啡烘焙颜色图表）。

❷杯测在烘焙 8 小时后、24 小时内进行。

❸将 8.5 克咖啡粉放在玻璃杯等容器中，闻干香。

❹在咖啡粉中注入 150 毫升 93℃的热水，4 分钟后拨开液体表面咖啡粉浮渣，闻湿香。

❺捞出咖啡浮渣和泡沫，用勺子取少量咖啡液，用力啜吸（喝下或吐掉均可），感知口腔内的风味，然后进行评估。

杯测通常由几个人一起进行，为了预防一些疾病，避免杯测参与者交叉感染，杯测流程经过了修订，具体流程如下：

❶为每位到场的杯测参与者提供单独的杯测勺和玻璃杯。

❷样本杯置于杯测桌上。

❸主办方使用干净的勺子去除咖啡浮渣。

❹参与者用勺子从样本杯中取样本，盛入自己的玻璃杯中。

❺参与者不使用勺子，直接用玻璃杯品尝样本。

在下一次取样之前，需要用热水冲洗自己的玻璃杯。提供倒渣桶，用于倒热水和吐咖啡液。勺子仅用于将咖啡盛入玻璃杯中。每次杯测之前，消毒杯测桌表面。

表 11.3 是由精品咖啡协会制定的杯测表。各项目满分为 10 分（总分 100 分），如果某个评分项中有缺陷之处，则在该处扣分。

表 11.3　精品咖啡协会的杯测评分项目

评分项	内容	描述举例	评分方法
香气	咖啡粉的干香与萃取液的湿香	有花香	
风味	啜饮后从鼻腔传来的风味	富有特征的香味	
回味	留在舌头上的回味的持久度等	甘甜、悠长的余韵	
酸度	酸的强度与质量	柑橘类水果的酸	量化评价，满分 10 分
醇厚度	黏性、口感、味道的厚重感	具有醇厚度、复杂	
平衡	酸度与醇厚度的平衡	平衡佳	
整体评价	总体评价的调整以及评估者的个人喜好		
干净度	萃取液的干净度	不混浊	可扣分项，若没有需要扣分的味道，则每项为 10 分
一致性	萃取液味道的一致性	风味没有偏差	
甜度	甜度	有甜感	

饮食文化不同，
对咖啡风味的感知也不同

　　欧美人与日本人对咖啡风味的感知存在感官差异。精品咖啡协会制定的杯测评估表（见第 210 页，根据这一表格进行评估，得分 80 分以上的咖啡为精品咖啡）是很好的评价体系，但其中没有苦味和鲜味。在日本人的饮食文化中，有春天的苦味（蜂斗菜、竹笋、蕨菜等），也有鲜味（昆布、鲣鱼等），我认为这两种味道也可以作为感官评估的指标。不过，为了建立评估标准，还需要进行一些研究。目前，我正在研究咖啡中的氨基酸。

　　在过去的 15 年里，我购买生豆，使用精品咖啡协会的杯测评估表，对大量不同种类的咖啡进行杯测。此外，为了学习，我组织了很多杯测研讨会，并将评估方法教给更多的人。我也将精品咖啡协会的风味轮（见第 211 页）作为评价词汇的参考。本书在尊重精品咖啡协会的评估方法的同时，使用更简洁的方法来评估咖啡萃取液。

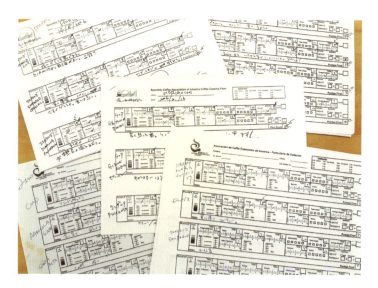

美国精品咖啡协会（精品咖啡协会）的杯测评估表。

笔者从 2005 年到 2019 年一直使用这张杯测表。

精品咖啡协会的风味轮。

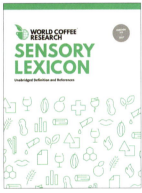

世界咖啡研究组织的《咖啡感官辞典》。

https://worldcoffeeresearch.org

"Tastify"风味轮。

211

什么是咖啡品鉴

咖啡的风味很复杂。生豆中的多种成分在烘焙时经过化学反应，发生变化。各种微量的有机化合物和无机化合物错综复杂地交织在一起，产生独特的风味。品鉴[1]是指在喝咖啡的过程中，判断"好的咖啡风味是什么样的？""是什么让咖啡的味道这么好？"等。

咖啡品鉴，可以分品鉴香气（嗅觉）、品鉴味道（味觉）和品鉴质地（口感）三个阶段进行。

① 香气[2]（嗅觉）

烘焙产生的挥发性成分越多，咖啡的气味就越浓，所以首先从两个方面来评估咖啡的挥发性成分。

先评估直接通过鼻孔闻到的香气，包括干香与湿香；其次，评估入口后，通过咽喉与鼻腔间的鼻后通道传到鼻腔的香气。

没有任何一种成分可以单独呈现咖啡的香气，也没有哪种成分被认为是某个产地的咖啡特有的。咖啡总的香气含量随烘焙的进行而增加，但各种香气成分增加的量并不均匀，香气构成的平衡会发生变化。气相色谱仪[3]检测到的香气，并不总是和人类所感知到的香气一致。

---

1 本书中的品鉴，包括生豆评估、杯测等所有方面的品鉴。
2 对一般的食品来说，鼻后嗅觉更为重要，但我会先通过鼻前嗅觉把握大致的香气（咖啡粉的干香），再通过湿香来确认、判断。东原和成等/《神奇的香与味》（においと味わいの不思議）/ 虹有社 /2013/p.47
3 用于识别和量化易挥发化合物的分析仪。

② 味道（味觉）

可以从酸味、苦味、甜味等感觉上评估萃取液中的水溶性物质。然而，咖啡的味道受烘焙引起的化学反应影响，十分复杂。

评价咖啡味道，主要是评价其酸度、干净度和甜度。甜度主要通过残留在舌头上的余韵感知。

③ 质地（口感、触觉）

这是由上颚的触觉（末梢神经）感受到的。咖啡纤维的微粒等固体物质，可能使末梢神经感知到黏性。质地也可以用醇厚度来描述。醇厚度可能受美拉德反应化合物和极微量的脂质等影响。

香气的种类

鼻前	鼻后
咖啡研磨后散发出的气体的干香，萃取液表面的蒸气散发出的湿香	喝下萃取液后，口中的蒸气和上颚残留物散发出的蒸气产生的香气

精品咖啡协会的杯测评估表很完善，过去 15 年我一直在品鉴会上使用。此外，在毕业论文中，我也使用了国际公认的精品咖啡协会杯测评估表对咖啡进行感官评估。然而，随着近年来高质量生豆的多样化，我发现它越来越难用。原因包括"10 个评估项目太多，这样的评估太难""对于 2010 年后的高品质咖啡来说，其评分系统模糊不清""缺乏对日晒处理咖啡的评价标准""评价项目中没有苦味和鲜味"等。

自 2005 年以来，笔者每月都会组织品鉴研讨会。研讨会的活动以杯测为主，也包括生豆
鉴定、烘焙和手工挑选等。目前的研讨会中的品鉴属于"中级品鉴"。

新的品鉴中有哪些评估项目

　　本书简化了感官评估的项目，将项目数量减至 5 项。评估水洗处理咖啡的 5 个项目是香气、酸度、醇厚度、干净度和甜度。评估日晒处理咖啡时，要将甜度替换为发酵。除了香气，每个评估项都与理化数值有关。

　　评分制度简化为每个评估项的满分为 10 分，总分为 50 分。

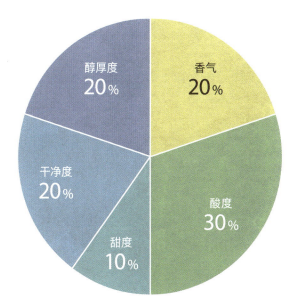

图 11.1　感官评估中各评估项重要性的百分比

尚没有明确的依据表明，应该更重视哪些评估项。但我个人在感官
评估时以香气、干净度和甜度为基础，注重酸度和醇厚度。

关于品鉴的评估标准

　　精品咖啡协会和日本精品咖啡协会等使用的感官评估项目，经过各协会的推广，已经在世界范围内达成了评估的共识。然而，很难说现在已有的评估标准是明确的、便于所有人使用的。所以我沿用了精品咖啡协会感官评估项目的优点，建立了易于评估的新标准（表11.4），并制作了 10 分评估标准（评分表，表 11.5）。不过，这并不是最终版。希望未来通过与更多人讨论，创造出更好的版本。

表 11.4　评估项目与标准

评分项	理化成分（参考值）	风味形容
香气	香气的成分	有花香
酸度	pH 值、总酸量、有机酸构成 pH 值 4.75—5.15、柠檬酸	清爽、柑橘水果的酸、华丽的水果的酸
醇厚度	脂质含量 12—19 克 /100 克	柔和、复杂、醇厚的奶油感
干净度	酸价 1.5—8	无混浊感、澄澈、透明感、干净度好
甜度	蔗糖量 6—8 克 /100 克	蜂蜜、蔗糖、有余韵，甜味高于将 5 克糖溶于 1 升水的溶液的甜味
发酵		没有发酵的臭味，有淡淡的果肉味

表 11.5　10 分评估标准（评分表）

项目	10—9	8—7	6—5	4—3	2—1
香气	香气绝佳	香气好	有香气	香气弱	没有香气
酸度	酸度非常鲜明	酸度很宜人	略带酸度	酸度弱	没有酸度
醇厚度	非常醇厚	有醇厚感	略有醇厚感	醇厚感弱	没有醇厚感
干净度	非常干净的味道	干净的味道	比较干净	略混浊	混浊
甜度	非常甜	甜	略带甜味	甜味弱	没有甜味
发酵	没有发酵的臭味	微微的发酵臭味	略带发酵臭味	有发酵的臭味	发酵的臭味很强

　　新的评估方式和精品咖啡协会、日本精品咖啡协会的评估方式一样，都以中度烘焙的咖啡为基准。但只要是市面上销售的咖啡，不管烘焙程度如何，都可以用这套新的评估方式进行评估。

｜① 香气｜

　　评估咖啡粉和萃取液香气的强度与令人产生的愉悦感。此外，还需要评估饮用咖啡后，通过鼻子感受到的香气。在这项评估中，如果其香气能让人联想到"花香"或"果香"，则最高可得 10 分，而如果没有让人感觉到香气，则得 1 分。

｜② 酸度｜

　　中度烘焙的豆子 pH 值在 4.75—5.15 之间。这 0.4 的差异非常大，即使 0.25 的差异也能被明显感知。酸度形成了风味的轮廓，增加了味道的深度，所以酸度越鲜明，得分越高。

中度烘焙的豆子如果有柠檬等柑橘类水果富含的柠檬酸的味道，会得高分；但如果有醋的醋酸（乙酸）味，会得低分。在这项评估中，如果能让人感受到咖啡中以柠檬酸为基础的柑橘类水果的酸度，可以获得 7 分以上；如果还能让人感受到其他的果味，则可得 8 分或更高的分数。

城市烘焙的豆子 pH 值在 5.2—5.4 之间，虽然含酸量降低，但如果可以使评估人感受到酸度，则会获得高分。法式烘焙的豆子 pH 值约为 5.6，这意味着其酸度更难以察觉，但只要评估人不错过丝毫的酸，感受到了其中的酸度，就可以给予高分。

酸度高的豆子，即使经过深度烘焙，也不会丧失风味，因此可以获得高分。

与酸度相对的是苦味。咖啡苦味的质量也在这个项目下进行评估。

|③ 醇厚度|

醇厚度主要受咖啡脂质含量的影响，同时，也受蔗糖焦糖化产物与氨基酸发生美拉德反应产生的化合物，以及萃取液中含有的可溶性纤维的影响。咖啡生豆的脂质含量越高，萃取出的咖啡就越可能有黏性、味道厚重。在这一项评估中，具有黏性、奶油质地和复杂风味的咖啡至少可以得到 8 分，而寡淡、没有醇厚感的咖啡的得分不超过 4 分。评估烘焙程度更深的咖啡也使用同样的评分方法。

一般来说，铁皮卡种、帕卡马拉种和瑰夏种制成的咖啡醇厚度不如波旁种制成的饱满。然而，不同咖啡的醇厚度也是有质量差别的。例如，在醇厚度的评估上，铁皮卡种制成的咖啡如果有丝绸般的感觉，则这些铁皮卡种可以得到 8 分以上；如果没有，则得分较低。如果曼特宁咖啡具有天鹅绒般的黏性，则这些曼特宁咖啡豆可在醇厚度评估中获得 9 分以上；如果感受不到其中有任何黏性、厚度或浓度，则这些豆子在这项评估中获得 4 分以下。

需要注意的是，醇厚度并不等同于浓重的味道。浓重的味道不是令人愉悦的口感，而是一种有杂味或过度萃取的味道。上述评分方式适用于所有烘焙程度的咖啡。

|④干净度|

干净度是咖啡萃取液非常精致、细微的风味特征。

脂质变质少、所用咖啡豆中的瑕疵豆少，咖啡就会给人干净的感觉。

一般来说，经湿法（水洗法）处理的豆子味道很干净，经日晒法处理的豆子的味道会略显混浊。影响咖啡在这个评分项中得分的主要是脂质的变质程度。主要检查咖啡是否随着时间的推移产生混浊和干枯的味道，其次要检查有没有因混入瑕疵豆而产生杂味。

如果萃取液干净无杂味，风味没有随时间推移变差，则用于制成萃取液的豆子可在这项评估中获得 8 分以上。反之，如果脂质变质了，产生了枯草味等不好的风味，评估人则需根据变质程度在这项评估中给出 4 分或更低的分数。

无论咖啡豆的烘焙程度如何，都可以评估其萃取液的干净度。

经过日晒法、半日晒法处理的巴西产咖啡豆的萃取液，可能有轻微的混浊感，但这是原产地的特定风土造成的。总的来说，以生豆是否随时间的推移变质为主要判断依据，萃取液混浊感强的豆子分数低，而萃取液质感舒服的豆子分数高。

|⑤甜度|

蔗糖含量较高的生豆，经过焦糖化和美拉德反应，会产生更多甘甜的香味。在甜度评估中，会请评估人区分纯水与在 1 升水中溶解 4

克糖的溶液。但咖啡中的甜味会被其他的味道掩盖，很难被感知。然而，如果熟悉了咖啡的味道，只要喝一口，就能在回味中感受到其中的甜味。如果评估人能感受到蜂蜜或蔗糖的甜，而且甜味持续的时间长，则可以给出 8 分或更高的分数。

深度烘焙的咖啡豆在萃取时会散发甜美的香气。无论咖啡豆的烘焙程度如何，都可以对其进行甜度评估。

| ⑥ 发酵 |

经日晒处理的豆子的甜度评估，以发酵评估代替。如果发觉细微的异常，比如豆子过度成熟或咖啡樱桃在收获后发酵、在水槽（发酵槽）中发酵等，则需根据其发酵的程度，给出 4 分或者更低的评分。如埃塞俄比亚产的 G-1 级咖啡豆，或者中美洲产的优质豆子，如果没有负面的发酵风味，则可以获得 8 分以上；如果带有宜人的微发酵风味，可以获得 6 分以上。在感官评估中，发酵味的评估标准是最不完善的，许多咖啡行业的业内人士都无法对这种风味做出判断。

最近，美国的一些微型烘焙坊会销售明显发酵或微发酵的咖啡，但其发酵的产生基本上都是因为生豆处理过程中有缺陷。我们应当欣赏的是经过恰当处理而产生的风味。

近年来，厌氧发酵[1]的处理方式经过试验后，已经在市面上推广。经过厌氧发酵、二氧化碳浸渍等方式处理的生豆也跟经日晒处理的豆子一样，根据其发酵味的好坏来进行发酵评估。

1　与传统日晒处理的有氧发酵不同，在厌氧发酵的过程中，需要将咖啡樱桃放置在罐子里并在罐子里充满氮气或二氧化碳，以促进其缺氧条件下的微生物发酵，然后再将发酵好的咖啡樱桃放在阳光下晒干。

感官评估实例

使用新的评估方式进行感官评估。样本是危地马拉和哥伦比亚的精品咖啡与商业咖啡，一共4种。评估时有一些基本的注意事项。

生豆的成分受包装材料和储存仓库的影响，并随时间的推移而变化。到达的月份（或清关日期）虽然很重要，但可能难以明确，所以一定要记录评估日期。

还要记录自烘焙结束起，豆子被放置了多长时间。这一点可以从咖啡粉注水后的膨胀程度与包装上的品尝期限推断出来。

如果想比较几种咖啡豆的风味，请使用同一生产国、经过同一程度烘焙且在同一时间条件（到港时间、自烘焙结束起放置的时间）下的咖啡豆。刚到港不久（比如到港4个月）的豆子和到港半年后（比如到港10个月）的豆子状况会有所不同，所以无法在时间条件不同的情况下判断豆子的优劣。

对买来的咖啡豆的信息了解得越多越好，因为这有助于进行风味比较。尽可能多地记录知道的信息，包括咖啡豆的生产国、生产地区、品种、生豆处理方法和烘焙程度等。

我分别使用精品咖啡协会的评估标准和新的10分评估标准，对四种中度烘焙的咖啡进行了品鉴（见表11.6、表11.7和表11.8）。

目前，用精品咖啡协会的感官评估标准，会给巴拿马的瑰夏种打95分，但给其他生产国产的豆子打90分以上的标准却很模糊。

然而，我们已经可以从肯尼亚、埃塞俄比亚等产地获得顶级风味

表 11.6　四种中度烘焙的样本

生产国	等级	品种	生豆处理	运输	包装	储存
哥伦比亚	精品咖啡	卡杜拉	水洗	冷藏集装箱	真空包装袋	恒温（15℃）
哥伦比亚	商业咖啡	不明	水洗	干货集装箱	麻袋	常温
危地马拉	精品咖啡	波旁	水洗	冷藏集装箱	谷物专用包装袋	恒温（15℃）
危地马拉	商业咖啡	不明	水洗	干货集装箱	麻袋	常温

表 11.7　品鉴结果与按照精品咖啡协会的评估标准得出的评分

生产国	等级	感官评估	用精品咖啡协会评估标准得到的评分
哥伦比亚	精品咖啡	清爽的酸，橙子、柑橘的甜味，干净	85.5
哥伦比亚	商业咖啡	有混浊感，略带枯草的香味	78.2
危地马拉	精品咖啡	柑橘水果的酸，醇厚感足，两者的平衡佳	82.6
危地马拉	商业咖啡	有混浊感，有枯草的香味	77.7

表 11.8　按照新的 10 分评估标准进行感官评估的结果分

生产国	等级	香气	酸度	醇厚度	干净度	甜度	总分
哥伦比亚	精品咖啡	8	8	9	7	8	40
哥伦比亚	商业咖啡	6	6	7	5	4	28
危地马拉	精品咖啡	7	7	8	7	7	36
危地马拉	商业咖啡	4	5	7	4	4	24

的咖啡。例如，产自肯尼亚基里尼亚加优秀处理厂的批次的豆子，适合从中度烘焙到法式烘焙的不同烘焙程度，可以产生丰富的风味。这些豆子根据新的10分评估标准，可以获得超过45分。因此，我认为，按照精品咖啡协会的评估标准进行感官评估，也应该给它们95分。

下面我使用新评估标准评估来自不同生产国的几种咖啡（见表11.10、表11.11和表11.12）。

表11.9 新评估标准

分数	内容
45分以上	品质和风味绝佳的咖啡。具有突出的个性特征，不是能轻易体验到的。干净、华丽、卓越。相当于精品咖啡协会评估标准中的90分以上。
40分以上	品质和风味优秀的咖啡。具有独特的风味，是宝贵的咖啡。相当于精品咖啡协会评估标准中的85分以上。
35分以上	品质和风味良好的咖啡。与商业咖啡相比，不好的风味少。相当于精品咖啡协会评估标准中的80分以上。
34分以下	商业咖啡，风味特征弱。没有不好的风味。
30分以下	商业咖啡，风味缺乏特征。略带不好的风味，有混浊感。
25分以下	商业咖啡。新鲜度略有下降，略有不好的风味。
20分以下和15分以下	品质和风味差的咖啡。新鲜度下降明显，风味不佳、混浊。

表 11.10　肯尼亚基里尼亚加产 /2018—2019 收获年 / 同一处理厂的豆子

烘焙度	pH 值	糖度	品鉴	评分
中度微深烘焙	5.2	1.2	有花香，有洋梨、桃子等水果的甘甜，干净。不同于我在过去十年里体验过的任何风味。风味丰富，是极好的肯尼亚咖啡。	48/50
城市烘焙	5.3	1.1	柔和，带有橙子的酸与蜂蜜的甘甜余韵。	47/50
法式烘焙	5.6	1.1	有蔗糖的甜味、黑糖味，以及柔和的苦味。即使经过深度烘焙，也没有焦味或烟臭味，有柔滑的醇厚感。	45/50

表 11.11　铁皮卡种 / 水洗处理 / 中度微深烘焙 /2019—2020 收获年

样本	水分（%）	pH 值	糖度	香气	酸度	醇厚度	甜度	干净度	总分	品鉴
A	9.7	5.3	1.1	6	7	7	7	7	34/50	略带杂味和混浊感
B	9.1	5.3	1	7	7	7	7	7	35/50	温和、风味平衡感佳
C	9.2	5.3	1	7	8	8	8	8	39/50	柔和的酸度中带有蜂蜜般的甜味
D	10	5.2	1	8	8	8	8	8	40/50	醇厚的酸中带有蔗糖的甜味

表 11.12　巴西产 / 日晒处理 / 中度烘焙 /2019—2020 收获年

样本	水分（%）	pH 值	糖度	香气	酸度	醇厚度	甜度	干净度	总分	品鉴
A	10.1	5.1	1.2	6	5	5	6	5	27/50	新世界种，有混浊感，口感粗糙
B	10.9	5.1	1.3	6	5	7	6	6	30/50	波旁种，略带醇厚感
C	11.7	5.1	1.2	5	4	5	5	6	26/50	新世界种，未熟豆多，有涩味
D	9.5	5.1	1.1	7	7	7	7	7	35/50	波旁种，有柑橘水果的酸

思考拼配

1990 年我开店时，大多数咖啡店的菜单上写的都是"拼配咖啡"，只有少数专业咖啡店提供哥伦比亚、巴西产的咖啡和优质蓝山咖啡等。与拼配咖啡相对，这些咖啡被称为"单品咖啡"。拼配咖啡由烘焙公司自行搭配混合，顾客进入咖啡店时，点的也是"拼配咖啡"，而不是"咖啡"。

我开店后，店里销售四种拼配咖啡，给它们起了容易理解的名字："柔和拼配""清爽拼配""品味拼配""深烘拼配"。

之后，进入 21 世纪，带有生产国庄园名称的咖啡逐渐开始在市场上流通，家庭烘焙店也开始积极销售这些咖啡。大约在 2010 年后，随着我们与生产者的距离越来越近，再加上美国第三次咖啡浪潮的影响，"单一原产地"一词开始被使用，出现了单一原产地咖啡蓬勃发展的局面，甚至有了"非单一原产地咖啡不是咖啡"的风潮。

当然，一些质量上乘的咖啡，因为具有独特的风味，确实更适合单独饮用。然而，无论时代如何变化，我的观点从未改变。过去 30 年的咖啡从业经验告诉我，公司和咖啡店应该成为拼配咖啡风味的主要创造者。

现在，信息传播和单一原产地咖啡流通得都很广泛，家庭烘焙店的生豆供应商大量销售同样的豆子，许多烘焙店继而出售相同的咖啡，造成了咖啡风味缺乏差异化的局面。

我使用过很多单一原产地咖啡，同时也调配过很多拼配咖啡。早在 2013 年，在单一原产地咖啡的浪潮中，我整合并做出 1 号到 9 号拼配咖啡。

这批拼配咖啡的特征是：从 1 号的中度微深烘焙到 9 号的意式烘焙，烘焙程度逐渐增加，同时，各种拼配方式得到的咖啡风味都得到更好的调配。

使用具有独特风味的精品咖啡，尝试进一步创造出新的风味，是具有开创性的。为了常年维持这种拼配的风味，始终需要 30 种以上的单一原产地咖啡。而且由于所需的烘焙次数很多，无法在大型烘豆机中一次完成，制作这些拼配咖啡是一个耗时的过程。

除了固定的拼配，店里还有季节性的拼配，如新年拼配、春季拼配、夏季拼配和老爸拼配。

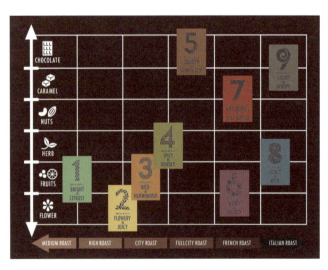

堀口咖啡的拼配。需要用精品咖啡进行拼配，并不是要制作以廉价咖啡豆为原料、以降低生产成本为目的的咖啡。

了解拼配的目的

　　随着市面上的单一原产地咖啡越来越多，人们对各个生产地的风味都有了一定程度的认知。在了解这些咖啡的优点的基础上，消费国的一些烘焙师开始希望创造出新的风味。

　　新的拼配需要想象力，不被刻板印象束缚。呈现出脑海中想象的风味，是一个极富感性的过程。咖啡的成分是复杂的，因此，极致的拼配咖啡应该具有单一原产地咖啡没有的复杂风味。

　　进行咖啡拼配前，我们需要了解几个基本点。

｜① 创造能代表一家店的招牌味道｜

　　"那家店的拼配咖啡很好喝""这款拼配永远也喝不厌"，一家咖啡店的招牌拼配，能够代表这家店。即使和固定的咖啡庄园签约，咖啡庄园提供的咖啡的风味也会因气候变化等因素而略有不同。让这些庄园每年都提供相同风味的咖啡其实是很难的。这就需要我们采用灵活的方法，例如每次拼配时，根据实际情况改变拼配比例，或者使用不同的豆子，就像波尔多的酒庄每年混合赤霞珠、品丽珠和梅洛的比例都会略有变化那样。

｜② 稳定风味｜

　　可以试着在一年内喝同一款拼配咖啡。随着时间推移，生豆的成分会变化，其风味肯定也会有一些变化。由于在存放过程中，豆子中的有机酸和脂质的含量会减少，所以如果一年内每次制作咖啡都使用同一批次的豆子，咖啡的风味就会受到影响。所以，如何进行基本的

拼配不应该由咖啡的产地或品种决定，而应该由咖啡的风味决定。只要符合拼配的风味理念，使用什么豆子都可以。一名好的拼配师，应该能够尽可能地减少同一款拼配咖啡风味的偏差。

| ③ 创造单一原产地咖啡所没有的风味 |

精品咖啡的风味独具个性，不同精品咖啡的风味可能会产生冲突，也可能会创造和谐。能认识到这一点很重要。埃塞俄比亚、肯尼亚、苏门答腊等地产的豆子风味个性独特，经过拼配可能会产生新的风味，可以多加使用。

| ④ 不适合用于拼配的豆子 |

为了降低价格，有些人可能会想把瑰夏种、帕卡马拉种、夏威夷科纳产的咖啡豆、牙买加产的蓝山咖啡豆等与其他豆子拼配，但这样做只会冲淡它们风味的个性，最好避免这么做。

| ⑤ 不要将精品咖啡和商业咖啡一起拼配 |

绝对不要将风味丰富的豆子与风味平庸或欠佳的豆子拼配在一起。咖啡的风味会被拉到风味差的那一边。

| ⑥ 在哪个阶段进行拼配 |

拼配方式有两种：先将豆子混合再进行烘焙的"烘前拼配"，将豆子分别烘焙后再混合的"烘后拼配"。

烘前拼配效率更高，比较方便，但由于豆子的形状和水分含量各异，所以风味的稳定性会比较差。烘后拼配是将不同种类的豆子分别烘焙好后再进行混合，过程很麻烦，但最终风味的呈现范围更丰富。

| ⑦将原产地放在拼配的名称中 |

如果拼配咖啡的名称中包含咖啡产地名[1]，那么用于制成它的原料

---

1 以日本咖啡公平贸易协会发布的"关于普通咖啡和速溶咖啡表述的公平竞争守则"（"レギュラーコーヒー及びインスタントコーヒーの表示に関する公正競争規約"）为依据。

中必须含有至少30%来自该产地的生豆。此外，最好避免使用"最高级的拼配"之类的表述，因为"最高级"这个词的使用并无依据。至于"精品咖啡"一词，如果满足公司自己的判断标准（符合精品咖啡协会和日本精品咖啡协会的标准），就可以使用。

表 12.1　2019 年的老爸拼配

使用基本萃取（用 30 克咖啡粉 3 分钟萃取 360 毫升咖啡）品尝各款豆子的风味，然后选出用于拼配的 4 款优质精品咖啡豆。拼配的目的是让每种豆子的风味相互协调，同时又使最终得到的咖啡具有丰富、有深度的风味。可以从 4 个角度来判断拼配咖啡的风味特征。

生产国	pH 值	糖度	个性	回味	甜度	干净度	拼配量/克
埃塞俄比亚 （日晒法处理）	5.2	2.2	10	10	8	9	5
埃塞俄比亚 （水洗法处理）	5.2	1.9	9	9	9	10	10
哥斯达黎加	5.2	2.0	8	8	10	10	5
印度尼西亚 （曼特宁）	5.1	1.8	10	10	8	9	10

注：更多关于这款拼配咖啡的信息，可以在作者持续更新近 20 年的博客"老爸日记"（パパ日記）中找到。

如何进行拼配

拼配[1]的具体方式，主要有以下几种。

｜① 同一种类的豆子可以进行拼配｜

拼配需要使用多种豆子，即使豆子是同一个国家产的，只要烘焙程度不同，也可以用来制成很好的拼配豆，呈现出有深度的风味。如果豆子的烘焙程度相差较大，例如烘焙程度分别为中度微深烘焙和法式烘焙，则容易使风味失去平衡，需要留意。

· 曼特宁咖啡豆，中度微深烘焙 + 城市烘焙

· 巴西咖啡豆，城市烘焙 + 法式烘焙

｜② 用两种以上烘焙程度相同、生产国不同的豆子进行拼配｜

拼配不同产地的豆子，可以让咖啡风味的深度呈现出来，但我们需要清楚地把握两种豆子的味道。最好不要用超过三种生产国不同的豆子进行拼配。在拼配开始时，可以先让各种豆子的比例相同，以测试风味，然后再逐步调整。虽然精品咖啡不管如何拼配，都不至于出现奇怪的味道，但拼配的最终目的还是呈现出单一原产地咖啡所不具备的"复杂""新鲜""发现""新颖"。

· 具有华丽酸味的肯尼亚咖啡豆 + 有柑橘酸味的哥伦比亚咖啡豆

· 原生种曼特宁咖啡豆的醇厚 + 巴西咖啡豆的醇厚 + 哥斯达黎加

---

1 堀口俊英 /《咖啡的品鉴》（コーヒーのテースティング）/ 柴田书店 /2000，记载了20 多年前拼配咖啡的例子。

咖啡豆的酸

｜③ 创造单一原产地咖啡所没有的风味｜

由于生产国和烘焙程度都不相同，产生更复杂风味的可能性会增加。

· 哥斯达黎加咖啡豆（法式烘焙）+ 肯尼亚咖啡豆（法式烘焙）+ 危地马拉咖啡豆（城市烘焙）

｜④ 把风味个性强烈的豆子拼配在一起｜

在其中加入中和强烈风味个性的豆子，更容易获得有平衡感的风味。

·（肯尼亚咖啡豆 + 埃塞俄比亚咖啡豆）+ 用于连接风味的危地马拉咖啡豆

｜⑤ 用水洗处理和日晒处理的豆子进行拼配｜

这是一种传统的拼配思维。日晒处理咖啡豆的精品咖啡风味特征强，能够为水洗处理咖啡豆的风味增添个性，使之成为很好的拼配。

· 埃塞俄比亚水洗咖啡豆 + 埃塞俄比亚日晒咖啡豆

· 哥伦比亚水洗咖啡豆 + 巴西日晒咖啡豆

｜⑥ 作为风味基础的豆子的量占所用咖啡豆总量的 40%，再拼配两三种其他种类的豆子｜

这也是传统的拼配思维。想要保持相对稳定的风味时，这种方法很有用。很多咖啡店都按照类似的比例进行拼配。

· 产地同属高海拔地区的哥伦比亚咖啡豆 40% + 哥斯达黎加咖啡豆 30% + 埃塞俄比亚咖啡豆 30%（日晒）

· 同为波旁种的危地马拉咖啡豆 40% + 卢旺达咖啡豆 40% + 巴西咖啡豆 20%（日晒）

附录

最新生产国指南

在精品咖啡的发展过程中，各个生产国的生产可追溯性开始受到关注。此外，由于生豆处理方法变得更加复杂，人们也越来越关心咖啡的品种。

随着咖啡生产过程越来越清晰，生产单位也越来越小。我们可以买到从产区、庄园，到咖啡磨坊（处理站等加工厂）、小农户等不同生产者生产的豆子。

在21世纪的第一个10年里，精品咖啡是以100袋或1集装箱（约为250袋，每袋60千克）为单位售卖的。这使得烘焙师和家庭烘焙店不可能与生产者签订独家购买协议，贸易公司是咖啡生产方的主要买家。

2010年后，人们对更具独特风味的生豆的需求开始增加，咖啡生产单位变小。

在哥伦比亚，咖啡生产单位分为生产省、农业合作社、小农户；在东非，如肯尼亚、埃塞俄比亚和卢旺达，咖啡生产单位按水洗加工厂（也被称为处理厂或处理站）划分；在哥斯达黎加，咖啡生产以微型磨坊为单位；在中美洲，咖啡生产单位是按庄园或品种划分。这些都是过去20多年里已经发生的巨大变化。

因此，生产国已然成为一个笼统的概念。我们进入了新的时代，追求的是在生产国中"谁在哪里，用什么样的生产方式，生产什么品种的咖啡"，以及"生产出的咖啡风味如何"。

不同生产国咖啡的风味差异

自 2010 年以来，精品咖啡的生产单位变小，按生产国区分咖啡风味变得非常困难。各生产国的精品咖啡风味已经变得复杂多样。为了区分优质咖啡，有必要了解咖啡的基本知识，比如咖啡的不同产区、生豆处理方法和咖啡品种。而要想彻底理解它们的风味差异，品鉴技巧也非常重要。

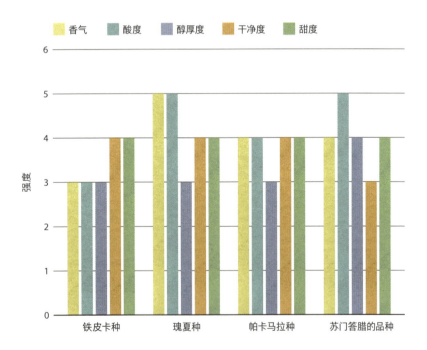

附图 A-1　铁皮卡种与风味个性强的生产国的精品咖啡之间的风味比较

以铁皮卡种为基准，笔者将其与风味独特的咖啡品种进行比较。

了解风味需要知道的 10 个重要生产国指南

以风味独特的咖啡而闻名：❶肯尼亚 ❷埃塞俄比亚 ❸印度尼西亚（苏门答腊岛）。

以高海拔产区的咖啡豆为特征：❹哥伦比亚 ❺哥斯达黎加 ❻巴拿马。

有向日本大量出口咖啡的历史：❼危地马拉 ❽坦桑尼亚 ❾巴西。

世界第二大咖啡生产国，向日本出口咖啡量仅次于巴西：❿越南。

附表 A-1 各生产国的生产量、出口量，以及日本从各国进口生豆的量

	生产量	出口量	日本进口量	到港时间
肯尼亚	930	860	14	5月一
埃塞俄比亚	7776	3976	445	5月一
印度尼西亚	9418	4718	506	2月一
哥伦比亚	13858	12067	1070	全年
哥斯达黎加	1427	1062	24	5月一
巴拿马	130	62	未知	5月一
危地马拉	4007	3612	402	4月一
坦桑尼亚	1175	1083	258	3月一
巴西	62925	37614	1866	1月一
越南	31174	27474	1641	全年

注：1 2018—2019 收获年，单位为 1000 袋（每袋约 60 千克）。（数据来源：国际咖啡组织数据，全日本咖啡协会）

2 以精品咖啡豆的到港时间为准，其时间可能会提早，但最近有推迟的趋势。各生产国的生产量和日本从各生产国进口的量每年都有波动。

肯尼亚

世界上酸度和水果风味最强的咖啡

产地	涅里、基里尼亚加、基安布、穆拉雅、恩布等
品种	以波旁种 SL28、SL34 为主
农户	70% 是小农户（每户种植面积小于 2 公顷），他们将采摘下的成熟咖啡樱桃带到处理厂
收获	9—12 月是主收获期，这一时期的收获量占全年收获量的 70%；5—6 月是副收获期，这一时期的收获量占全年收获量的 30%
生豆处理/干燥	在处理厂经过水洗法处理后，在非洲式晒架[1]上晒干
出口分级	AA=S17—18[2]，AB=S15—16，C=S14—15，PB= 圆豆
日本到港	5 月之后到港，有逐年推迟的趋势

21世纪第一个10年初期，日本进口了少量肯尼亚庄园产的豆子，其水果风味令人震惊。2010年后，经过处理厂处理的咖啡开始销售，咖啡风味变得更加复杂。产自这里的精品咖啡酸度强，除了有柠檬、橙子等柑橘类水果的风味，还有覆盆子、百香果、杏、番茄、李子干等各种细腻、华丽的风味。它是世界上酸度最强的咖啡，即使经过深度烘焙，也能呈现出各种各样的风味，是精品咖啡市场上极为重要的咖啡之一。

SL 品种

手工挑选

在干磨坊装袋

---

1 是桌子形状的架子，桌面是网状的，使咖啡豆不易被地面尘土污染，空气可以在晒架上下循环。——译者注
2 意为筛选颗粒大小在 17—18 目之间。——译者注

埃塞俄比亚

阿拉比卡种的起源地，水果风味馥郁华丽

产地	西达莫、耶加雪菲、哈拉尔、吉马、卡法、利姆、沃勒加
品种	本土原生种
农户	大部分是小农户（每户平均种植面积约 0.5 公顷），他们种植的咖啡被称为"田园咖啡"
收获	需日晒处理的咖啡在 10 月至次年 3 月收获，需水洗处理的咖啡在 8—12 月
生豆处理/干燥	商业咖啡基本是日晒处理的；精品咖啡有日晒处理的，有水洗处理的
出口分级	300 克咖啡豆中瑕疵豆数量：G-1 级为 0—3 颗、G-2 级为 4—12 颗、G-3 级为 13—25 颗、G-4 级为 26—46 颗
日本到港	5 月之后到港，有逐年推迟的趋势

1995 年左右，日本进口了水洗处理的耶加雪菲 G-2 级咖啡，其水果风味令人惊艳。大约在 2000 年下半年，水洗处理的耶加雪菲 G-1 级咖啡推出；随后，在 2010 年后，日晒处理的耶加雪菲 G-1 级咖啡出现，这标志着耶加雪菲地区产的咖啡进入全盛时期。

水洗处理的咖啡豆有蓝莓、柠檬茶等的鲜明果味，日晒处理的咖啡豆有熟透的水果和红酒等细腻的风味。如今，除了耶加雪菲地区，哈拉尔、吉马等地也在开发高品质的咖啡，未来发展出新咖啡风味的潜力很大。

咖啡树

日晒处理的干燥

水洗处理的干燥

印度尼西亚

苏门答腊式的干燥方法（湿刨法），
使其具有全世界独一无二的风味个性

产地	苏门答腊岛北部的林东、亚齐
品种	原生品种，苏门答腊岛的阿拉比卡种占 10% 左右
农户	大部分是小农户
收获	收获期主要在 10 月至次年 6 月，但全年都持续有收获
生豆处理/干燥	与其他生产国不同的生豆干燥法
出口分级	300 克咖啡豆中瑕疵豆的数量：G-1 级最多，有 11 颗；G-2 级有 12—25 颗；G-3 级有 26—44 颗
日本到港	2 月之后到港

在肯尼亚咖啡和埃塞俄比亚的耶加雪菲咖啡问世之前，曼特宁是具有个性的咖啡的代名词。在日本，一直有许多曼特宁咖啡的忠实粉丝。

曼特宁咖啡豆这种来自苏门答腊北部林东地区的原生作物，具有独特的混合风味，包括青草味、桧木和柳杉等木头的风味，柠檬强烈的酸，以及热带水果的风味等。然而，原生种的产量很低，大部分曼特宁咖啡豆是卡蒂姆种，它的苦味比酸味更明显。随着时间的推移，原生种增加了森林湿润的气息和草药、皮革等的风味，形成了独特的个性。这种迷人的异域风味也令它受到美国一些烘焙师的欢迎。

苏门答腊原生种

苏门答腊式干燥

苏门答腊咖啡生豆

哥伦比亚

产地	纵向连亘的安第斯山脉，土壤为火山灰土壤
种植	平均气温为 18—23℃，温度低于 18℃时生长缓慢
农户	大多是小农户，56 万户生产者的生产量大约占总产量的 70%
收获	北部的收获期在 11 月至次年 1 月，南部的收获期在 5—8 月，有些地区的收获期有主收获期（收获量高）和副收获期两季
品种	20 世纪 70 年代之前，铁皮卡种占主流。后来，改种了卡杜拉种和哥伦比亚种。现在，卡斯提优种和哥伦比亚种占种植面积的 70%，卡杜拉种占种植面积的 30%
生豆处理/干燥	用水洗法处理，小农户用小型机器去掉咖啡樱桃的果肉后，将含羊皮纸层的豆子放入水槽（12—18 小时），使果胶层自然发酵后，再让它经过水洗，最后让它们露天日晒（7—10 天）
筛选	在干磨坊进行尺寸筛选、比重筛选或者电子筛选，筛选分为 17 目筛及以上和 15—16 目筛
日本到港	5 月之后到港，有逐年推迟的趋势

20世纪90年代，铁皮卡种已经被卡杜拉种取代，不过还是有少数铁皮卡种留下。然而，咖啡豆存在带有药品气味的问题（酚类气味，原因是随着产量增加，生豆处理得不佳、发霉）。在 21 世纪第一个 10 年中，哥伦比亚种（帝汶杂交种和卡杜拉种的杂交品种）增加，受叶锈病影响，咖啡豆品质下降。自 2010 年以来，游击队问题得到解决，南部纳里尼奥省和乌伊拉省的精品咖啡问世，咖啡豆质量逐渐提高，市面上开始出现小农户生产的优质豆子。

从新鲜的柑橘类酸到馥郁的甜橙类酸，哥伦比亚产的咖啡酸度非常丰富。通常，哥伦比亚北部的马格达莱纳省和塞萨尔省的咖啡轻盈，中部的托利马省的咖啡醇厚度适中，而南部的乌伊拉省和纳里尼奥省的咖啡醇厚度饱满。哥伦比亚不同生产地的咖啡风味差异较大，因此，在饮用前了解咖啡的生产地，才能更好地体会咖啡风味的不同。

小农户采摘

纳里尼奥省

收获

小农户去除咖啡果实的果肉

哥伦比亚的庄园

育苗床

干燥

铁皮卡种

哥斯达黎加

小农户建立了自己进行生豆处理的微型磨坊,
生豆品质得到极大提升

产地	塔拉珠、中央山谷、西部谷地、图里亚尔瓦
品种	卡杜拉、卡杜艾、维拉萨奇
农户	小农户, 一部分是大庄园, 微型磨坊正在扩大
收获	12 月至次年 4 月
生豆处理	水洗法、蜜处理
干燥	日晒法、干燥机
出口分级	极硬豆(生长在海拔 1350 米以上)、硬豆
日本到港	大约在 5 月以后到港

21世纪之前, 咖啡生产方式是大庄园和农业合作社的大规模生产。然而, 自2010年以来, 微型磨坊的数量有所增加。小批量生产的蜜处理方法普及, 咖啡产地发生巨大变化。不过, 微型磨坊的生产量只占总产量的一小部分, 虽然其出口量也很小, 但正在逐年获得国际认可。咖啡风味以柑橘的酸为基础, 品质好的豆子带有熟透水果的甜味。豆子质地硬, 醇厚度十分饱满, 也适合深度烘焙。

生产地

出口商的杯测

晾晒场

巴拿马

瑰夏种、日晒处理的生豆虽然引领咖啡市场,
但数量很少

产地	博克特、沃肯
品种	瑰夏、卡杜拉、卡杜艾、铁皮卡等
生豆处理	水洗处理,部分为日晒处理
收获	11月至次年3月
干燥	日晒、干燥机
日本到港	5月以后到港

2000年以前,巴拿马咖啡豆在日本很少见。2004年,在"最佳巴拿马"(互联网拍卖会)上,瑰夏品种首次亮相,其水果般的风味使它备受瞩目,萃取出的咖啡冷却后甚至给人果汁般的感觉。如今,许多庄园都在种植瑰夏品种。这对其他国家的瑰夏种种植也产生了很大影响。2010年后,一些庄园尝试用日晒法处理生豆,现在市面上已经可以买到没有发酵臭味的高品质生豆了。其风味令人联想到红色水果或红酒。巴拿马是产量较少、朝着高品质化方向发展的咖啡生产国。

庄园

开花

瑰夏种

危地马拉

在 21 世纪第一个 10 年里是领先的精品咖啡生产国，
咖啡生产历史悠久，品质稳定

产地	安提瓜、阿卡特南戈、阿蒂特兰、韦韦特南戈等
品种	波旁、卡杜拉、卡杜艾、帕奇、帕卡马拉
生豆处理/干燥	水洗处理，在混凝土或砖块等材质的晾晒场日晒干燥
收获	11 月至次年 4 月
出口分级	极硬豆（生长在海拔 1400 米以上）、硬豆（海拔 1255—1400 米）
日本到港	4 月以后到港

1996 年，当星巴克在日本开设第一家店时，危地马拉安提瓜产的豆子就被列入菜单（还有哥伦比亚纳里尼奥省的豆子）。当时，日本对安提瓜这样的地区还不感兴趣。危地马拉生产者协会在 21 世纪初开始宣传生产地区之间的差异，从而拉动精品咖啡市场。安提瓜地区有许多历史悠久的庄园，那里出产的豆子质量稳定。安提瓜产波旁种的风味在柑橘类水果的酸度和醇厚度之间达到了很好的平衡，代表了波旁种的风味。

危地马拉安提瓜的街道

波旁种

晾晒场

坦桑尼亚

北部地区的庄园生产的咖啡豆具有出色的风味

产地	北部和南部产的铁皮卡种约占咖啡总产量的 75%,其余的为卡内弗拉种
品种	波旁、阿鲁沙、蓝山、肯特、N39
农户	总计约 40 万生产农户,其中 90% 为种植面积 2 公顷以内的小规模农户
收获	北部 6—11 月,南部 5—9 月
生豆处理/干燥	水洗处理,非洲式晒架晾晒
出口分级	根据尺寸、瑕疵量,划分 AA 级、AB 级、PB 级(圆豆)
日本到港	3 月以后到港

坦桑尼亚咖啡豆过去一直以乞力马扎罗之名销售,其在日本长期以来都是知名的产地。坦桑尼亚的大多数精品咖啡来自其北部,来自很多庄园。虽然波旁种在这里很常见,但这里的咖啡品种有混合的趋势。坦桑尼亚产的咖啡风味个性较少,酸度和醇厚度的平衡佳,对于喜欢风味个性不强、易于饮用的咖啡的人来说,是不错的选择。

庄园

坦桑尼亚的产地

水洗处理的水槽

巴西

这里产的咖啡并非酸度华丽的咖啡，
而是醇厚感十足的咖啡

产地	米纳斯吉拉斯州的南米纳斯、塞拉多，圣埃斯皮里图州
风土条件	海拔 450—1100 米
种植	70% 为阿拉比卡种，30% 为科尼隆种（也属于罗布斯塔种）
品种	新世界、波旁、卡杜艾、马拉戈吉佩
收获方式	大型机械采摘，手工剥去叶子
生豆处理	日晒处理、果肉日晒处理、半水洗处理
干燥	太阳晒干或者使用干燥机
出口分级	根据瑕疵豆的数量，划分 Type2—8，共 7 个等级
日本到港	1 月以后到港

巴西是世界上最大的咖啡生产国，也是向日本出口咖啡最多的咖啡生产国。许多人都熟悉巴西产咖啡的风味。其酸度比中美洲和哥伦比亚的水洗咖啡要弱，醇厚度高。

虽然在海拔 800 米和 1100 米的不同产地之间，经日晒法和半水洗法处理的咖啡之间存在风味差异，但总体而言，巴西不同生产地区或品种的咖啡在风味上的差异很小。

与干净的水洗豆不同，它们的后味中有微微的尘埃感，因此不应该按照水洗咖啡的标准来评价它们。

庄园

机器采摘

用日晒法干燥

越南

最大的卡内弗拉种生产国

品种	生产的咖啡中，97% 为卡内弗拉种，3% 为阿拉比卡种（包括卡蒂姆种）
收获期	10 月至次年 4 月
收获量	每公顷约收获 2.3 吨，收获量高
生豆处理	日晒处理
日本到港	全年都有豆子到港

几乎不面向家庭销售。将越南产的卡内弗拉种与阿拉比卡种的拼配咖啡作为低价的研磨咖啡在超市等地方销售，也可将其作为便宜的商用咖啡使用。此外，还有很多被用于制作罐装咖啡、速溶咖啡等。

越南产的咖啡有焦掉的大麦茶般的风味，酸度和醇厚度都比较弱。卡内弗拉种的咖啡因含量是阿拉比卡种的两倍，苦味强、味道重。有些卡内弗拉种咖啡冷却后有涩味。日本进口的卡内弗拉种，除了来自越南的，还包括来自印度尼西亚的水洗 WIB、日晒 AP-1 和非洲乌干达的罗布斯塔种等。

卡内弗拉种

大规模庄园

附录 2　优质咖啡豆选购指南

在百货公司、超市、食杂店和家庭烘焙店等地都可以买到咖啡豆。2000 年起，互联网上也有很多地方销售咖啡豆。

作为买手，为了采购到更好的生豆，必须提高购买力。为此，从 2000 年到 2010 年，从北海道网走市到冲绳，我为日本各地的 100 多家家庭烘焙店提供了开店帮助，并创立了一个共享生豆的组织——领先咖啡家族。为了向客人提供高品质的咖啡，分享新的感动，我们已经与许多生产者建立合作关系。

在这个过程中，组织中的成员们也提升了销售能力。如今我已经退休，不再参与业务，但我们的买手已经从世界各地采购了超过 100 种单一原产地的生豆。

在此期间，曾在堀口咖啡工作，然后独立开店的人也很多，领先咖啡家族的成员遍布全国，以下介绍其中的一部分。

手工采摘咖啡果实的哥伦比亚采摘者

堀口咖啡 ·· 开业时间：1990 年 5 月

堀口咖啡的生豆风味丰富，瑕疵豆的去除比例高，因此很干净。其使用的烘焙方式精细，可以让人体验到多样的风味。

推荐拼配 根据烘焙程度和风味类别，有从 No.1 到 No.9 的 9 种拼配咖啡。

烘豆机 富士皇家 20 千克（2 台） ｜ 富士皇家 5 千克

地址：东京都世田谷区船桥 1-12-15（世田谷店）　　电话：03-5477-4142
　　　横滨市中区新山下 3-11-42（横滨烘焙店）
※ 还有狛江店、上原店、下连雀店、大手町店，营业时间和休息日请在网站确认

北海道

Hazeya 咖啡 ·················· 开业时间: 2006 年 11 月

店面不大,但从店里看出去的景色可以让人感受到北海道的四季。咖啡馆在甜点方面也下了很大的功夫,使其与咖啡相得益彰。他们用心创造只有在这里才能体验到的美味。

推荐拼配 有 6 种固定拼配,也有季节性的拼配。特别推荐香气浓郁、醇厚度强的丰盈烘焙。

烘豆机 富士皇家 5 千克

地址: 北海道网走市驹场北 3 丁目 9-7　　电话: 0152-67-9800
营业时间: 咖啡豆贩卖 10:00—19:00,咖啡店 10:00—17:30(17:00 截止收订单)
休息日: 每周日、周一

德光咖啡 ·················· 开业时间: 2005 年 12 月

德光咖啡一共有 3 家店,在位于石狩的总店进行烘焙,在总店和札幌的 2 家直营店销售咖啡和咖啡豆。以札幌为中心,为北海道内外的 130 多家咖啡馆和餐馆提供咖啡豆。

推荐拼配 固定提供从中度烘焙到意式烘焙咖啡豆的 8 种经典拼配,另外全年都有季节拼配推出。

烘豆机 PROBAT 12 千克

地址: 北海道石狩市花川南 2-3-185　　电话: 0133-62-8030
营业时间: 10:00—18:00
休息日: 每周三、每月第二个周二

秋田县

08COFFEE ·················· 开业时间: 2011 年 7 月

位于秋田,出售咖啡豆,并经营咖啡馆。出售的咖啡豆都是每天早上小批量精心烘焙而成的。不标新立异,认真对待咖啡,努力追求符合标准的美味。

推荐拼配 经典的 8 号拼配,以季节为灵感的季节拼配。

烘豆机 DIEDRICH 3 千克

地址: 秋田县秋田市山王新町 13-21 三荣大厦 2 楼　　电话: 018-893-3330
营业时间: 工作日 10:00—20:00,周末和节假日 8:00—18:00
休息日: 每周三

宫城县

Café de Ryuban ·· 开业时间: 2001 年 12 月

销售咖啡豆和外卖饮品。咖啡都是每天精心烘焙的, 以确保客人能够买到世界上最好的、最新鲜的咖啡。

推荐拼配　除了 4 种用不同烘焙程度的咖啡豆制作的基础拼配咖啡, 还有 4 种用风味个性独特的豆子制作的拼配咖啡。每个季节都有限定拼配。

烘豆机　富士皇家 10 千克、富士皇家 5 千克

地址: 宫城县仙台市青叶区广濑町 4-27 1 楼　　电话: 022-264-4339
营业时间: 10:00—19:00 (只有周日营业到 18:00)
休息日: 每周一

群马县

tonbi coffee ·· 开业时间: 2006 年 7 月

重视咖啡作为农作物的价值。作为手艺人和服务者, 支持客人的咖啡生活。店里手工制作的蛋糕也很受欢迎, 推荐品尝。

推荐拼配　鸢喙拼配(中度微深烘焙)、艳美拼配(城市烘焙)、鸢色拼配(法式烘焙)。

烘豆机　富士皇家 5 千克

地址: 群马县高崎市菅谷町 531-10　　电话: 027-360-6513
营业时间: 10:00—19:00　　休息日: 每周二

东京都

KARTA COFFEE ·· 开业时间: 2015 年 5 月

提供一系列具有强烈产地特色和魅力的咖啡豆, 并根据每一种咖啡豆的特点进行烘焙。在日常销售中, 提供 10 多种从较浅烘焙到深烘的醇厚、浓郁的咖啡。

推荐拼配　有三种不同主题的拼配咖啡, 也可以提供季节性的限定拼配咖啡。

烘豆机　富士皇家 5 千克

地址: 东京都文京区小石川 1-13-3　　电话: 03-5615-8208
营业时间: 12:00—19:00　　休息日: 每周一、周二

MUTO Coffee Roastery ·······················开业时间: 2014 年 10 月

使用原产地和种植园清晰、可追溯的高品质咖啡豆,通过烘焙使其风味个性得到最充分的体现。在日常销售中,提供 4 种拼配咖啡和 15 种左右的单一原产地咖啡,以满足客人的口味偏好。可以在店内品饮咖啡。

推荐拼配 桃园拼配(清爽),平衡拼配(平衡),深度拼配(苦味与甜感),意式拼配(苦味深)。

烘豆机 GIESEN W6

地址:东京都中野区中野 3-34-18　　电话:03-6382-5439
营业时间:11:30—19:30(19:00 截止收订单)
定休日:每周四,每月第一、三个周三

Khazana Coffee ·····························开业时间: 2006 年 10 月

Khazana 在乌尔都语中意为"宝藏"。用心烘焙经过精心培育、运输而来的高品质原材料,将咖啡新鲜的最佳状态呈现给客人,希望通过一杯咖啡为客人带来宝藏般的"小时光"。

推荐拼配 一种原材料经过不同程度的烘焙后,拼配在一起,提供能够最大限度享受原材料的"本月咖啡"。

烘豆机 DIEDRICH IR-5

地址:东京都八王子市本町 2-5-1 楼　　电话:042-649-7230
营业时间:10:00—18:30　　休息日:每周一、周二
网址:www.khazana-coffee.com

Jalk Coffee ·······························开业时间: 2013 年 11 月

这是一家以现代北欧风格为基调的咖啡专卖店。重视手工艺,精心烘焙、萃取。咖啡店提供每天新鲜手工制作的蛋糕,顾客还可以在店里欣赏古董陶瓷器皿。

推荐拼配 供"季节拼配",以及从中度烘焙到法式烘焙咖啡豆的原创拼配。

烘豆机 富士皇家 5 千克

地址:东京都杉并区永福 4-19-4 安藤大厦 1 楼　　电话:03-6379-1313
营业时间:10:00—19:00　　休息日:每周一(周一是节假日时,改为周二休)

EBONY COFFEE ·································· 开业时间: 2011 年 6 月

为了让客人始终拥有最佳的享受咖啡体验, 我们一直努力理解特性各异的原材料 (生豆) 的香与味, 并根据豆质和天气条件选择合适的烘焙方式, 以表现其独特的个性和丰富的风味。

推荐拼配 有从中度烘焙到深度烘焙的咖啡豆的各种经典拼配, 还有表现时令香味、在不同季节提供的个性拼配。

烘豆机 富士皇家 5 千克

地址: 东京都世田谷区奥泽 6-28-4 Wise Neil 自由之丘 1 楼
电话: 03-3702-2027　　营业时间: 11:00—19:00
休息日: 每周三

Jubilee Coffee and Roaster ·················· 开业时间: 2013 年 4 月

位于东京都庭园美术馆附近, 在这里可以感受四季的变化, 享用每天精心烘焙的、经过严格挑选的精品咖啡。这家店不仅最大程度地发挥生豆的特性, 也注重良好、干净的回味, 在日常的销售中, 提供 10 种以上从中度烘焙到法式烘焙的豆子。

推荐拼配 推荐以店名命名的两种拼配咖啡, 它们分别用的是城市烘焙的豆子和法式烘焙的豆子。制作这两种咖啡旨在提供让人想每日饮用、平衡感佳的拼配咖啡。

烘豆机 富士皇家 5 千克

地址: 东京都港区白金台 3-18-10　　电话: 03-6721-7939
营业时间: 10:00—18:00
休息日: 每周一、周二 (营业时间和休息日可能会调整, 请在网站确认)

神奈川县

Mui ··· 开业时间: 2013 年 5 月

"Mui"(发音接近 "无为")这个名字来自老子的 "无为而治"。我们相信, 敢于无为, 恰好是实现 "永远最佳" 的秘诀。我们希望这里能成为可以让顾客始终品尝到最佳风味的 "小城咖啡屋"。

推荐拼配 提供 4 种风味个性不同的经典拼配, 包括有苦味的、苦味少的、醇厚度高的、轻盈的。

烘豆机 GIESEN W6

地址：神奈川县川崎市中原区木月 3-13-2　　　电话：044-767-1368
营业时间：10:00—19:00　　　休息日：每周二、每月第一、三、五个周五

Tera Coffee ·· 开业时间：2004 年 6 月

家庭烘焙店，在横滨东急东横线沿线的白乐和大仓山设有两家店铺。每家店都有自己的
烘豆机，也提供以烘焙点心为主的甜点。

| 推荐拼配 | 按照浅烘、中烘、深烘、意式等咖啡豆的烘焙程度区分的经典拼配、意式浓缩拼配、横滨拼配、季节限定拼配。 |

| 烘豆机 | 富士皇家 5 千克　　　\| 　　　PROBAT 12 千克 |

地址：神奈川县横滨市神奈川区白乐 129（白乐店）/ 横滨市港北区大仓上 1-3-20（大仓山店）
电话：045-309-8686（白乐店）/045-541-6016（大仓山店）
营业时间：10:00—19:30　　　休息日：无（年初和夏季有休息）

Ishikawa Coffee ·· 开业时间：2009 年 7 月

好喝的咖啡是由生豆的品质、能呈现其最佳特性的烘焙技术，以及咖啡的新鲜度决定
的。在这里，请享受只有高品质的新鲜咖啡才能提供的独特风味。

| 推荐拼配 | 有 3 种烘焙程度不同的经典拼配。其中深烘的"Kitakama 拼配"有鲜明的醇厚感和清晰的苦味，悠长的余韵中带着干净的酸味，风味复杂有深度，是本店最受欢迎的一种拼配。 |

| 烘豆机 | 富士皇家 5 千克 |

地址：神奈川县镰仓市山之内 197-52　　　电话：0467-81-3088
营业时间：11:00—17:00　　　休息日：每周三、周四

石川县

二三味咖啡 ·· 开业时间：2001 年 5 月

重视烘焙的新鲜度，收到当天的订单后，才开始烘焙。位于海边船屋的烘焙所可以向日
本各地配送。位于市中心的咖啡馆接待当地客人和观光客人。这里的手工蛋糕也备受
好评。

| 推荐拼配 | 中度微深烘焙、深度城市烘焙、法式烘焙各两种，注重突出咖啡的个性，每日烘焙。 |

| 烘豆机 | 富士皇家 5 千克 |

地址：石川县珠洲市折户町 HA-99（烘焙所）
　　　石川县珠洲市饭田町 7-30-1（咖啡馆）
电话：0768-86-2088（烘焙所）/0768-82-7023（咖啡馆）
营业时间：8:00—16:00（烘焙所）/10:00—19:00，1 月、2 月营业至 18:00（咖啡馆）
休息日：每周日、周一（烘焙所）/ 每周一、周二（咖啡馆）

富山县

koffe our roastery ·································· 开业时间：2009 年 4 月

位于富山的松川河畔，那里的樱花树四季都很美。这家店充分理解原材料，使用美国 Renegade 公司的烘豆机，每日精心烘焙，以求最大程度呈现生豆原有的风味。真诚期待您的到来。

| 推荐拼配 | 干净清爽的青空（中度烘焙）、柔顺醇厚的 home（城市烘焙）、苦味柔和的 Koffe（法式烘焙）。 |

| 烘豆机 | Renegade 公司 5 千克 |

地址：富山县富山市舟桥南町 10-3　　电话：076-482-3131
营业时间：12:00—19:00（外带饮品的最后点单时间是 17:30）
休息日：每周四 （另有不固定的休息日）

爱知县

coffee kajita ··································· 开业时间：2004 年 11 月

两个人经营的咖啡豆和蛋糕店。全日本各地的展廊和杂货店会出售我们的咖啡豆和烘焙点心。同时，我们还会外出举行一些咖啡茶会等活动。多亏能够使用世界最高品质的领先咖啡家族的生豆。

| 推荐拼配 | 有从中度微深烘焙到意式烘焙的 6 种拼配，与不定期的季节性限定拼配。 |

| 烘豆机 | 富士皇家 5 千克 |

地址：爱知县名古屋市名东区高社 1-299 佛罗伦萨社 1 楼

电话：052-775-5554　　营业时间：11:00—19:00（咖啡店营业到 18:00）

休息日：周二、周三、周四、周五（每周休息日不固定，请在网站上查看）

岐阜县

SHERPA COFFEE ROASTERS ·························· 开业时间：2006 年 11 月

在日常销售中提供超过 20 种不同的咖啡，以咖啡的多样性和咖啡之间的对比为主题，希望能帮助客人找到完美契合他们口味的咖啡。

推荐拼配　从拼配 01 到拼配 07，有 7 种拼配供选择。推荐从风味平衡佳的 04 和 06 开始品尝。

烘豆机　富士皇家 5 千克

地址：岐阜县岐阜市早田 1901-6 OHANA 大厦 1 楼　　　电话：058-295-0136

营业时间：10:00—18:00　　休息日：每周一、周二

爱知县

松本咖啡工坊 ································· 开业时间：2006 年 10 月

为了传递好咖啡的魅力和生产者的声音,我们会开设咖啡课程,并访问咖啡生产地。同时,我们还通过美味的咖啡积极参与社区活动,扎根当地。

推荐拼配　除了应季的拼配，还有长久手拼配、松本 CAMP 拼配等个性丰富的拼配。

烘豆机　GIESEN W6 6 千克

地址：爱知县长久手市西浦 901 番地　　　电话：0561-56-2260

营业时间：10:30—18:00　　休息日：每周一、周二

HIROFUMI FUJITA COFFEE ························· 开业时间: 2013 年 11 月

为了分享咖啡风味的多样性与美味, 传递其味道的有趣之处, 我们提供包括拼配在内的 18 种咖啡。我们不仅销售咖啡豆和咖啡饮品, 每周还会开设咖啡课程。希望与大家一起享受咖啡。

推荐拼配 以危地马拉种为拼配基础, 提供平衡感佳、口感宜人的玉造拼配, 以及苦中带甜和酸、层次丰富的 rivet 拼配。

烘豆机 富士皇家 5 千克

地址: 大阪府大阪市中央区玉造 2 丁目 16-21　　电话: 06-6764-0014
营业时间: 12:00—19:00　　休息日: 每周一、周二 (遇节假日营业)

冈山县

木下商店 ·· 开业时间: 2010 年 6 月

为了亲身感受咖啡农户是怀着怎样的想法、用什么样的方式种植咖啡的, 木下商店的烘焙师木下尽可能地探访生豆产地。他以此为基础, 用心烘焙, 最大限度地呈现咖啡豆的个性。

推荐拼配 风味明丽的红色拼配。以这种拼配方式制成的咖啡的风味会根据季节的变换而改变, 顾客可以享受不同时期咖啡的明丽风味。

烘豆机 PROBAT、Smart Roaster

地址: 冈山县濑户内市邑久町尾张 342-2　　电话: 0869-24-7733
营业时间: 7:00—17:00　　休息日: 每周四

广岛县

濑户内咖啡烘焙所 ······························ 开业时间: 2010 年 4 月

在风光明媚的濑户内观光胜地——广岛县尾道市的市中心有一家销售咖啡豆的烘焙店 "Classico", 和一家专门经营外带咖啡的咖啡摊 "AROUND"。他们以严肃、认真的态度精心烘焙, 提供兼具 "品质、新鲜度、美味", 且富有魅力的咖啡豆。

推荐拼配 原创的"深烘拼配"。这款拼配咖啡醇厚浓郁,苦味干净,回味甘甜,很受欢迎。

烘豆机 富士皇家 R-103

地址: 广岛县尾道市士堂 1-3-28
电话: 0848-24-5158(Classico)/0848-38- 2330(AROUND)
营业时间: 10:00—17:00(Classico)/12:00—17:00(AROUND)
休息日: 每周二、每月的第三个周三(两店一致)

福冈县

Konomi Coffee ·· 开业时间: 1995 年 1 月

自开业以来,本店以提供真正美味的咖啡为目标,每天只使用最好的原料(生豆)精心
烘焙,做出新鲜的咖啡。我们将继续真挚面对每天遇到的咖啡,追求真正的美味。

推荐拼配 有从中度烘焙到深度烘焙的拼配,尤其推荐中深度烘焙、风味平衡佳的
城市拼配,和具有水果风味的美食家拼配。

烘豆机 富士皇家 3 千克

地址: 福冈县直方市殿町 2-9   电话: 0949-24-3952
营业时间: 10:00—19:00(工作日、节假日)10:00—18:00(周日)
休息日: 每周四

冲绳县

YAMADA COFFEE OKINAWA ······················· 开业时间: 2001 年 5 月

我们注重创造性,提供原创的拼配咖啡,也提供各种单一原产地咖啡,能让人充分体会
到咖啡的产地特色。我们的信念是"坚持创造只有在我们这里才能品尝到的咖啡"。

推荐拼配 店里日常提供 9 种个性各异的拼配选择(网店中有 5 种)。相信咖啡爱
好者一定能从中找到符合个人喜好的味道。

烘豆机 皇家富士 5 千克

地址: 冲绳县宜野湾市宜野湾 3-17-3   电话: 098-896-1908
营业时间: 10:00—19:00   休息日: 非节假日的周一

附录 3 堀口咖啡研究所的研讨会

近 20 年来，堀口咖啡研究所举办了各种咖啡研讨会，主题包括"萃取基础""萃取实践""杯测""品鉴会"等。此外，堀口咖啡研究所还开设了很多课程，包括在朝日文化中心开设了 18 年讲座，在早稻田大学开设了 6 年公开课，在日本创艺教育开设了 9 年的函授教育课程。从 2011 年到 2014 年，我还每年在韩国首尔举办 3—6 次的咖啡萃取和品鉴研讨会。不过，为了攻读博士，研讨会在 2016 年都暂停了。在过去 20 年中，共有近 2 万人次参加了堀口咖啡研究所举办的研讨会。

从研究生院毕业后，我负责在东京农业大学的公开课，并重启了堀口咖啡研究所的研讨会。

研讨会会场 东京都世田谷区船桥 1-9-10 2 楼
研讨会网址 https://reserva.be/coffeeseminar

初级萃取（左上图），中级萃取（右上图），中级萃取（下图）。

初级萃取

｜了解导致风味变化的因素｜

使用不同生产国、不同烘焙程度的咖啡样本，练习本书中的基本萃取（滤纸滴滤）。通过改变粉量、萃取时间和萃取量来检查风味的变化。测量所有萃取液的 pH 值（酸度）和糖度（浓度），并将其与感官的感受进行比较。

中级萃取

｜创建萃取表｜

前提是可以准确地进行基本萃取。使用城市烘焙的咖啡，改变粉量、萃取时间和萃取量，感受风味如何变化。找到自己喜欢的萃取条件，

初级品鉴（上图），中级品鉴（左下图），韩国的品鉴研讨会（右下图）。

创建属于自己的萃取表。

初级品鉴

｜了解基础品鉴｜

介绍品鉴的目的、方法，以及评价项目和标准。

使用以下 5 种咖啡进行品鉴实践。

①罗布斯塔种（越南卡内弗拉种）。

②阿拉比卡种（商业咖啡，水洗处理）。

③阿拉比卡种（精品咖啡，水洗处理）。

④阿拉比卡种（巴西产的咖啡，日晒处理）。

⑤新鲜度下降的咖啡。

中级品鉴

│ 主题每月变化 │

按照生产国、品种、生豆处理方式等主题，介绍品鉴的评估项目和评估标准，并在此基础上，品鉴几种咖啡，对其进行实际评估。

堀口咖啡研究所

堀口俊英

讲师

1998年—2015年	朝日文化中心
2008年—2013年	早稻田大学公开课
2005年—2013年	日本创艺学院函授教育
1999年—2016年	堀口咖啡研究所的研讨会
2015年至今	日本国际协力机构中小生产者研讨会
2016年至今	东京农业大学公开课
2019年至今	堀口咖啡研究所的研讨会

演讲

2004年　美国精品咖啡协会会议
Japan's Specialty Market

2006年　萨尔瓦多精品咖啡协会
For A Wider Specialty Coffee Market In Japan

2007年　东非精品咖啡协会（EAFCA）会议
Japan's Specialty Market and the Fine Coffees from Africa

学会发表

2016年9月　世界咖啡科学大会
The Difference in the Qualityt of Specialty Coffee and Commercial Coffee
海报发表（中国昆明）

2017年6月　日本食品保藏科学会《SPとCOの品質差に関する研究》
口头发表（高知县立大学）

2018年6月　日本食品保藏科学会《生豆の流通過程における品質変化の研究》
口头发表（山梨大学）

2018年8月　日本食品科学工学会《生豆の品質指標の作成に関する研究》
口头发表（东北大学）

2018年9月　世界咖啡科学大会
New Physicochemical Quality Indicator for Specialty Coffee
口头发表（美国波特兰）

2018年11月	食香妆研究会《コーヒーに影響を及ぼす理化学成分と官能評価から新しい品質指標を作成する》海報发表（东京农业大学）
2019年6月	日本食品保藏科学会《コーヒー生豆の精製方法違いが風味に影響を与える》口头发表（中村学園大学）

同行评议论文及学位论文

论文1：《有機酸と脂質の含有量および脂質の酸価はスペシャルティコーヒーの品質に影響を及ぼす》，日本食品保藏科学会志第45卷2号

论文2：《コーヒー生豆の流通過程における梱包、輸送、保管方法の違いが品質変化に及ぼす影響》，日本食品保藏科学会志第45卷3号

学位论文：《スペシャルティコーヒーの品質基準を構築するための理化学的評価と官能評価の相関性に関する研究》

2018 年 9 月，
世界咖啡科学大会，波特兰。

2016 年 11 月，
世界咖啡科学大会，云南。

后记

　　我认为从"农业和科学"的层面来看待咖啡是很重要的，所以2002年，我成立了堀口咖啡研究所，目的是"研究咖啡的种植、生豆处理与风味"。但当时正值精品咖啡的黎明期，我非常忙碌，未能实现这个目标。

　　正因如此，我希望在65岁时辞去公司职务，以便从新的角度重新探索咖啡的风味。在此之前，我用了5年时间准备事业交接。2013年，我辞去社长一职，并逐步创造能够更自由活动的环境。由于做农业研究必须在研究对象的产地定居，我只好放弃了这条路，大胆进入自己并不擅长的理科领域。

　　从实验设备、仪器的使用，到化学品的处理，我都完全是新手，所以从2015年开始，我在东京农业大学的食品科学研究室做了一年的研究生，并于 2016 年，在 66 岁时进入研究生院攻读博士学位。

我原本以为读博的三年时间足够做一些事情，但实际上可以真正用来做实验的时间只有两年，而且我还必须提高实验的精度并产生成果。我做的并不是使用高精度分析仪的实验，而是研究人员已经不再做的模拟实验。然而，我至今仍然认为，很多判断咖啡风味的秘诀就隐藏在其中。

此外，撰写同行评议论文（在学术期刊上发表两篇通过审查的论文是毕业的必要条件）的过程与撰写实用书籍不同。为了完成论文，我承受了预料之外的压力。学生生活对我来说更多的是考验，而非享受。

我切身体会到，想要从理科领域的实验结果中读出一些东西，除了要具备专业知识，洞察力和感性也很重要。

就这样，在实验、统计处理、论文中苦苦挣扎后，我于 2019 年，在自己 69 岁时毕业了。

希望这本书能够为从科学的角度探究咖啡质量创造契机。

最后，我想对石胁智广先生表达深深的谢意。在我进入研究生院时，他作为研究咖啡的前辈给了我很多建议，在我入学后，还陪我参加世界咖啡科学大会的会议。

我想对我在研究生院的导师、国际食品农业科学系的古庄律教授接受我进行"咖啡研究"表示深深的感谢。同时，我还要感谢研究生院环境共生系的众多教授对我的鼓励与鞭策。

我还想对堀口咖啡公司的工作人员致以深切的谢意，感谢他们温暖地支持、守护不在公司工作的我。

堀口咖啡研究所 堀口俊英

堀口咖啡研究所

堀口俊英

环境共生学　博士

2019 年 3 月东京农业大学博士课程毕业

堀口咖啡研究所代表

（156-0055 东京都世田谷区船桥 1-9-10 2F ）

堀口咖啡株式会社会长

（156-0055 世田谷区船桥 1-12-15 ）

日本特色咖啡协会（SCAJ ）董事

日本咖啡文化学会常任理事

chiepapa0131 @ gmail.com

著作

1997 年	《咖啡》（珈琲）监修 / 永冈书店，
	《咖啡健康法》（珈琲健康法）主编 / 牧野出版
2000 年	《咖啡品尝》（コーヒーのテースティング）/ 柴田书店
2001 年	《咖啡事典》（コーヒーの事典）合著 / 柴田书店
2005 年	《特别咖啡之书》（スペシャルティコーヒーの本）/ 旭屋出版
	《咖啡协调员检定讲座教材 1 ~ 4》/ 阿尔特出版
2008 年	《享受美味咖啡的方法》/ 大泉书店
2009 年	《了解咖啡的一切》/ 夏目社，
	《有美味咖啡的生活》/ PHP 出版
	《我开了一家手工制作的乡村咖啡馆》监修 / 东京地图出版
2010 年	《咖啡教科书》/ 新星出版社
2010 年以后	《咖啡教科书》韩国版 / 中国版
	《有美味咖啡的生活》/ 中国版